品牌导向型烟叶定制化生产体系研究

彭宇 郑华 郭亮 等 编著

中国农业科学技术出版社

图书在版编目（CIP）数据

品牌导向型烟叶定制化生产体系研究 / 彭宇等编著.
北京：中国农业科学技术出版社，2025.5. -- ISBN 978-7-5116-7415-9

Ⅰ.S572

中国国家版本馆CIP数据核字第2025HA8909号

责任编辑　李　华
责任校对　李向荣
责任印制　姜义伟　王思文

出 版 者	中国农业科学技术出版社
	北京市中关村南大街 12 号　邮编：100081
电　　话	（010）82109708（编辑室）　（010）82106624（发行部）
	（010）82109709（读者服务部）
网　　址	https://castp.caas.cn
经 销 者	各地新华书店
印 刷 者	北京建宏印刷有限公司
开　　本	170 mm×240 mm　1/16
印　　张	13.25
字　　数	238 千字
版　　次	2025 年 5 月第 1 版　2025 年 5 月第 1 次印刷
定　　价	85.00 元

◀ 版权所有·侵权必究 ▶

《品牌导向型烟叶定制化生产体系研究》编著委员会

主编著 彭 宇 郑 华 郭 亮

编著者（按姓氏笔画排序）

马 莹　王丹林　王克敏　王茂贤　韦 斌
韦业旺　龙 勇　冯亚克　吕亚梅　刘 海
刘伟阳　许灵杰　孙光军　孙红权　严锦申
李 杰　李 雨　李 想　李双兰　李光雷
李彦辉　李锡坤　李德仑　杨 磊　杨双剑
吴有祥　何 轶　邹 勇　张 宇　张刚领
张宏刚　陈 涛　陈 鹏　陈丽萍　明祖荣
季 平　金 祥　郑 华　宗 仪　赵 勇
胡 勇　胡宁贵　胡钟胜　胡道飞　姜君弟
姜超英　夏志林　徐 玮　徐 健　高志豪
郭 亮　涂 勇　黄 卫　黄 兰　黄 赟
梁 冰　彭 宇　彭前进　彭隆基　董延鑫
焦 剑　曾陨涛　蒙邦勇　廖 锐　熊 瑶
潘文杰　穆东升　戴 杰

前　言

　　随着生产力水平和人们消费水平的提高，消费者需求结构发生变化。20世纪90年代末期，出现了消费者价值的多元化和生活类型多样化趋势。约翰·奈斯比特在《大趋势——改变我们生活的十个新方向》中指出，我们面临的选择变化趋势为"从非此即彼的选择到多种多样的选择"，如果以往人们生活的环境"是一个大众市场和大众市场广告的社会，只要有少数几种产品供人挑选就可以轻易地满足人们单调的情趣"的话，那么，"今天的情况改变了"，我们生活在"分段市场的、分散化市场的社会"，是完全的买方市场。需求结构的变化必然引起市场环境的转变。主要表现在3个方面，一是传统稳定的卖方市场逐渐转变为复杂多变的买方市场；二是为了迎合消费者多样化的需求，企业在市场竞争中赢得主动权的决定性因素由单一的生产效率转变为质量、时间、成本和柔性构成的复杂因素组合；三是全球化的经济竞争使得市场范围扩大至全球范围，而不是局限在某一地区，这种变化机遇和挑战并存，严峻考验着企业的环境适应能力和生存能力。

　　多样化的消费需求和全球化的市场竞争驱使企业的竞争模式发生改变。首先是企业竞争方式逐渐由企业利用自身优势进行市场竞争，转变为满足消费者需求、多企业合作的共赢竞争模式；其次企业不仅需要创造出区别于其他企业的差异化竞争优势，还需要制定出能够将消费者目光集中在差异化核心竞争优势的市场战略；最后也是最关键的，企业发展形成的竞争优势不再是静态持久的，在当前的市场环境下，企业需要不断改变竞争策略和手段，从而在持续变化的市场环境中保持竞争优势的持续性。相应地，企业的管理模式和管理方法也随着竞争环境的改变而不断调整和优化，主要有两种管理模式，一种是基于单一企业的管理模式，为了实现快速响应市场需求，企业通过计算机辅助技术、物料需求计划和集成制造系统等技术加速原有的生产过程，或者对原有的生产流程进行重新规划，构建新的管理思路，从而提升企业的快速响应能力；另一种是基于多个企业合作共赢的管理模式，通过整合不同企业的优势资源，建立资源共享和优势互补机制，从而实现对市场需求的快速响应，提升企业群体竞争力和生存能力。

基于以上变化，传统的大规模生产模式已不再适应当前的市场环境，大规模定制化生产一跃成为主流生产方式。自从规模经济的概念开始流行以来，企业管理者一直致力于寻求相应的效益。因此，长期以来，大规模生产方式及其管理系统备受推崇与利用。然而，如今在全球范围内，一些企业却正在创造高价值。例如，在美国和其他经济发达地区，钢铁行业的发展最为迅速且最具盈利性的部分已不再是拥有上万名雇员的庞大联合工厂，而是专门生产特殊用途钢铁产品的企业。无论在成熟产业还是在新兴产业中，都出现了类似的情况。例如，纺织业中盈利最大的是专门为汽车、办公设备和防雨装置生产特定涂布和精制布的企业。电信业中最大的利润来自按客户要求建立的长途业务，如声音、影像和信息处理等。在金融业方面，最能盈利的是能够提供广泛业务以适应企业和个人各种需求的企业。这些企业的生产方式具有明显的大规模定制生产方式特征。这些产品和服务之所以能创造较高的价值，是因为它们满足了客户的个性化需求。客户愿意为符合其需求的商品和服务支付高于标准化产品的费用。此外，这些产品和服务不仅具有定制产品的差异性优势，还具有较传统定制方式产品低得多的成本优势。这些产品和服务是在新的生产方式——大规模定制化生产方式下生产出来的，它既不能被定制生产的企业，又不能被大规模生产的企业所效仿。

随着竞争的加剧，客户化定制、即时客户化定制的理念也相继被发展出来，面向客户定制的能力已经成为产品和服务提供者追求的目标。构建面向客户定制的供应链已经成为企业的战略选择。传统的大规模生产方式下的供应链管理理论研究和企业实践相对成熟，而面向客户定制模式下供应链的协同运作无论是在理论研究还是在企业实践上都有很长的路要走。然而，并不是所有的产品都适合定制，也不是所有客户都要求提供定制服务。客户的定制要求有不同层次，对应于企业有不同的定制服务类型。

对于开展客户化定制业务的企业而言，不同定制类型的产品必将同时存在。这些不同定制要求的产品有着不同的潜在需求不确定性，分别适合于不同类型的供应链战略。而且，随着客户定制要求的升级，定制的复杂性大大增加，对企业的定制能力要求也大大提高，服务成本也将上升。面对这种复杂局面，企业如何设计并改进供应链，来实现面向客户定制模式下供应链的协同运作？这方面的研究，对于企业实施面向客户定制的供应链协同运作实践具有现实的指导意义。除可以创造出定制产品、服务之外，还能提供客户参与的体验，从而提供了创造更大价值的可能性。实施即时客户化定制必须以客户化定制的实现为前提，从企业实践的角度来看，需要即时定制的客户所占比例极少。因此，当前研究客户化定制更为迫切。

烟叶是卷烟产品的主要原料，本身也具有商品属性。但烟叶的商品特性与其他商品又有区别。一是烟叶是烟草专卖品，其必须在《中华人民共和国烟草专卖法》的规范下进行生产经营；二是烟叶原料市场面对的客户主要是集团客户，这决定了烟叶原料个性化需求来源于卷烟工业不同的品牌原料配方需求；三是烟叶本质上是农产品，具有很多农产品具有的属性，影响生产的环境因素多、生产时间空间较为分散；四是烟叶又与其他农产品有区别，即生产环节多、技术性较强、流通环节较多、用途单一等。因此，实施烟叶定制化生产，就是最大限度满足工业企业卷烟品牌对原料的个性化需求。烟叶生产经营中，针对某个卷烟品牌品规个性化原料需求，推动满足这些个性化需求的技术、管理、模式、创新等系列生产过程的输入，就是烟叶定制化生产。目前，还没有相对统一的烟叶定制化的概念、思路、路径、模式、标准等。本书基于近年对贵州烟叶定制化生产的调研思考和探索实践，在系统梳理基础上，初步形成烟叶定制化生产的理念、思路、模式及体系，以期为烟叶定制化生产研究探索实践提供参考。

编著者
2025 年 2 月

目 录

第一章 定制化生产概况 ·1
第一节 定制化生产研究现状 ·1
第二节 定制化生产的内涵与特征 ·2
第三节 定制化发展历程 ·6
第四节 国外定制化发展趋势 ·10

第二章 烟叶供应链发展现状 ·11
第一节 烟叶产业概况 ·11
第二节 烟叶供给过程 ·14
第三节 烟叶供应特征 ·19

第三章 烟叶定制化生产 ·21
第一节 烟叶定制化生产概况 ·21
第二节 烟叶定制化生产意义 ·22

第四章 贵州烟叶定制化生产 ·25
第一节 贵州烟叶产业发展概况 ·25
第二节 贵州开展烟叶定制化生产的动因 ·36
第三节 贵州烟叶定制化生产情况 ·42

第五章 贵州烟叶定制化生产关键环节 ·47
第一节 总体思路 ·47
第二节 基本原则 ·47
第三节 关键环节 ·51
第四节 实施要点 ·68

第六章 定制化生产"3321"体系 ·70
第一节 总体思路上围绕"三高三特四导向" ·70

    第二节　合作模式上抓实"三定三评三考核" …………… 75
    第三节　技术优化上聚焦"两提两控两不少" …………… 82
    第四节　管理推动用好"一图一表一报告" ……………… 87

第七章　烟叶定制化生产取得初步成效 …………………………… 90
    第一节　定制化生产规模持续扩大 ………………………… 90
    第二节　烟叶供给质量持续稳步提升 ……………………… 91
    第三节　贵州烟叶配方地位持续巩固 ……………………… 93
    第四节　烤烟种植综合效益稳步增加 ……………………… 93
    第五节　工业企业对贵州烟叶认可度提升 ………………… 98
    第六节　工商合作层次水平提升 …………………………… 99

第八章　定制化生产存在的问题及策略 …………………………… 101
    第一节　定制化生产存在的误区 …………………………… 101
    第二节　定制化生产存在的问题 …………………………… 102
    第三节　定制化生产面临的困难 …………………………… 104
    第四节　贵州烟叶定制化生产方向 ………………………… 106

第九章　定制化生产典型案例 ……………………………………… 111
    第一节　贵州中烟在贵定县的烟叶定制化生产 …………… 111
    第二节　湖南中烟的烟叶定制化生产——韭菜坪二号的典型案例 …… 121
    第三节　福建中烟："技术+管理"推动黔南州定制化烟叶生产 …… 128
    第四节　黔南州烟草公司的烟叶定制化生产 ……………… 130
    第五节　江苏中烟的烟叶定制化生产 ……………………… 138

主要参考文献 ………………………………………………………… 147

附录 …………………………………………………………………… 148
    附录一：烟叶定制化生产技术方案——以2024年江苏中烟"南京"
　　　　　品牌鸡场基地单元为例 ………………………………… 148
    附录二：烟叶定制化生产操作手册 ………………………… 172
    附录三："贵烟"品牌原料——安顺紫云烟叶高油分定制化开发案例 … 193

第一章 定制化生产概况

第一节 定制化生产研究现状

长期以来，传统的生产方式主要分为定制和大规模生产两种模式。20世纪90年代末期，这两种看似相反的模式开始融合，并且这种趋势不局限于产品的生产领域。当前，我们正处于一个定制化产品和服务大规模生产、销售和交付的新时代。据统计，美国和欧洲70%的大公司正在重新规划其生产系统以适应这种新型生产方式。预计30%以上的产品，如汽车和消费类电器，将普遍采用大规模定制生产。随着大规模定制管理实践的发展，大规模定制已成为国内外管理研究和探讨的热点。大规模定制的理论倡导者阿尔文·托夫勒提出了一种新型生产方式的设想，即以类似于标准化或大批量生产的成本和时间来提供满足顾客特定需求的产品和服务。斯坦·戴维斯首次提出了大规模定制的概念，并将其命名为"大规模按顾客要求定制"。B.约瑟夫·派恩二世是大规模定制管理研究的主要学者之一，他系统研究了大规模定制的转变、实施策略以及产品开发等问题。巴特·维克托和安德鲁·博因顿则从生产方式的演进规律和模块化问题等方面进行了研究。在实践方面，戴尔、摩托罗拉、李维斯等知名企业都实施了大规模定制。尽管大规模定制在国外取得了一定成果，但仍存在一些不足，如尚未形成系统的科学体系，以及缺乏针对运营过程的完整管理系统的研究。

国内对大规模定制的研究主要集中在技术和管理两大领域。在技术领域，研究主要着眼于如何实现大规模定制。其中，一种主要方法是通过重新设计企业结构等硬件环境来实现。模块化设计是其中的一种关键方法，它将产品设计中的许多零部件模块化，以便在订单产生时通过组合这些模块来满足客户的需求。另外，制造流程重构也是实现大规模定制的重要手段之一，其中延迟制造是一种典型的方式，即在最接近顾客需求的时间和地点进行生产，以实现共享制造工艺和流程；在管理领域，研究主要集中在大规模定制的组织管理和软科学问题上。一些研究探讨了组织知识共享问题，如清华大学的闫芬和陈国权的研究；上海交通大学邵晓峰等研究了大规模定制的类型、制约因素和策略。其他研究着重于企业在实施大规模定制过程中的能力建设和管理实践，例如北京市长城企业战略研究所朱志华的研究。

国内关于面向客户定制的研究涉及客户化定制的3个阶段，其中大规模定制理论研究和实践都比较丰富，对于客户化定制的研究还处于理论研究阶段，实践研究相对较少。对于即时客户化定制的研究报道较少，还没有实践上的研究文献。所有研究中单一定制模式的理论与实践研究较多，多种定制形式共存于同一个企业的综合多种定制模式开展定制化服务的定制理论研究较少，尚无具体实践方面的研究报道。

第二节 定制化生产的内涵与特征

一、定制化生产的内涵

定制化生产是一种以客户需求为导向的生产方式，旨在通过高度灵活的生产和供应链管理，满足不同客户的个性化需求。

（一）个性化需求导向

定制化生产的核心理念是以客户的个性化需求为导向，生产出满足特定客户需求的产品。与传统的大规模、标准化生产不同，定制化生产强调产品的独特性和差异性。这种生产方式需要企业深入了解客户的需求和偏好，通过市场调研、客户反馈等方式，获取详细的需求信息，并将这些信息转化为具体的生产要求。

（二）高度灵活的生产体系

为了实现定制化生产，企业需要建立高度灵活的生产体系。灵活性体现在生产过程的各个环节，包括原材料采购、生产工艺、质量控制和物流配送等。通过引入柔性制造系统和先进的生产技术，如3D打印、机器人自动化和智能制造，企业可以快速响应客户需求的变化，实现小批量、多品种的生产。

生产体系的灵活性不仅可以提高生产效率，还可以降低库存成本，减少生产浪费。

（三）信息化和数字化支持

信息化和数字化是定制化生产的重要支撑手段。通过信息技术和数字化工具，企业可以实现从客户需求获取、订单处理到生产执行和物流配送的全流程信息化管理。现代信息技术，如物联网、大数据和人工智能，可以帮助企业实时监控生产过程，优化资源配置，提高生产效率。例如，利用大数据分析，企业可以预测市场需求变化，制定科学的生产计划；利用物联网技术，企业可以实现设备互联互通，提高生产设备的利用率。

（四）供应链的协同与优化

定制化生产要求供应链的各个环节进行紧密协同与优化。供应链中的供应商、制造商、分销商和零售商需要建立紧密的合作关系，共同应对市场变化和客户需求的多样化。通过供应链的协同，企业可以实现资源的最优配置，降低生产成本，提高产品质量。同时，供应链的优化还需要考虑物流和库存管理，通过高效的物流配送和库存控制，确保产品能够及时交付给客户，提升客户满意度。

（五）标准化与灵活性的平衡

虽然定制化生产强调个性化需求，但在实际操作中，企业需要在标准化与灵活性之间找到平衡。过于强调个性化可能导致生产成本上升、效率降低；而过于标准化则无法满足客户的多样化需求。为此，企业可以采用模块化设计和生产的方式，通过标准化的模块组合，实现产品的定制化生产。模块化设计不仅可以提高生产效率，还可以降低生产成本，满足客户的个性化需求。

（六）持续改进与创新

定制化生产是一个持续改进和创新的过程。企业需要不断优化生产流程，提升技术水平，满足市场和客户需求的变化。通过引入持续改进的方法，企业可以不断提升生产效率和产品质量。此外，企业还需要关注市场趋势和技术发展，及时调整生产策略，保持竞争优势。

综上，定制化生产是一种以客户需求为导向的生产方式，通过高度灵活的生产体系、信息化和数字化支持、供应链的协同与优化，平衡标准化与灵活性，实现高效、高质量的个性化生产。定制化生产不仅可以满足客户的个性化需求，还可以提升企业的市场竞争力和经济效益。

二、定制化生产的特征

社会的发展特征不在于产出哪些具体产品，而在于采用哪种生产方式来生产这些产品。20世纪90年代末期，传统的定制生产模式和大规模生产模式逐渐融合，标志着企业发展正式进入定制化生产阶段，主要分为大规模定制生产、客户化定制生产和即时客户化定制生产3个阶段，每个生产阶段的含义随着市场和消费者需求的变化而呈现出不同的特征。

（一）大规模定制生产

大规模定制生产是指企业采用大规模生产方式，通过产品模块化和标准化，以较低的成本生产出一系列标准化的产品，然后根据顾客的需求，灵活组合这些标准化的模块，生产出满足个性化需求的定制产品。大规模定制生产阶段的特征是通过模块化设计和标准化生产，以较低的成本实现相对较高程度的产品个性化。企业在这个阶段主要面向市场提供一系列模块化产品，并根据顾客的需求进行组合，从而满足不同顾客的个性化需求。

（二）客户化定制生产

客户化定制生产是指企业根据每个客户的具体需求和要求，为其量身定制产品或服务，以满足客户的个性化需求和偏好。客户化定制生产阶段的特征是根据顾客的具体需求和要求，为每个客户量身定制产品。企业在这个阶段不再只是提供一系列模块化产品，而是根据客户的个性化需求，设计和生产定制产品，以满足客户的独特需求。

（三）即时客户化定制生产

即时客户化定制生产是指企业在接收到客户订单后，通过高效的生产和供应链管理系统，迅速响应并实现定制产品的生产和交付，以满足客户对产品的即时需求。即时客户化定制生产阶段的特征是实现定制化生产的实时化和快速化。企业在这个阶段不仅根据客户的个性化需求生产定制产品，而且要求在最短的时间内完成生产和交付，以提供即时满足客户需求的服务。

三、定制化生产与传统生产模式的区别

定制化生产和传统生产模式在许多方面有显著的区别，包括生产理念、生产流程、供应链管理、技术应用和市场响应等方面。

（一）生产理念

定制化生产以客户需求为核心，强调产品的多样性和灵活性，能够快速响应市场变化，提供高度定制化的产品。相对而言，传统生产模式以生产标准化、大批量的产品为核心，注重规模经济和成本控制，生产系统相对固定，难以迅速调整以适应市场和需求的变化。

（二）生产流程

定制化生产通常是根据客户订单启动，采用灵活的生产工艺和技术，进行小批量、多品种的生产，确保生产的灵活性和响应速度。而传统生产模式则基于预测和库存计划启动，采用标准化的生产工艺和流程，进行大批量、标准化的生产，主要通过库存管理应对市场需求波动。

（三）供应链管理

定制化生产需要供应链各环节的紧密协同，供应链具有高度的动态性和柔性，能够快速调整以适应市场变化和客户需求，在原料采购环节根据具体订单需求，避免库存积压。相比之下，传统生产模式的供应链相对固定，主要通过整合和优化提高效率和降低成本，原材料采购通常基于长期预测和计划，大批量采购以降低成本。

（四）技术应用

定制化生产广泛应用先进的制造技术，如3D打印、智能制造、物联网和大数据分析等，提高生产的灵活性和效率，通过信息化和数字化工具实现全流程信息化管理。传统生产模式主要依赖传统制造技术和工艺，信息化程度较低，主要通过周期性生产数据分析和质量控制优化生产流程和产品质量。

（五）市场响应

定制化生产能够快速响应市场变化和客户需求，提供高度定制化的产品，

具有较强的市场适应性，通过个性化服务提高客户满意度和品牌价值。传统生产模式则对市场变化和客户需求的响应速度较慢，主要通过库存调整和市场预测应对需求波动，市场适应性较低，较难迅速调整产品和生产策略，应对多样化需求的能力较弱。

第三节　定制化发展历程

一、从大规模生产到大规模定制生产的演变

随着世界经济一体化的推进和信息技术的迅速发展，制造业在20世纪90年代迎来了从工业化时代向信息化时代的转变，这导致了企业外部环境的巨大变化。统一的市场逐渐向多元化市场演变，需求变得更加不稳定；过去的卖方市场逐渐演变为买方市场，消费者变得越来越挑剔，不再满足于接受厂家提供的标准化产品；技术更新速度加快，导致产品开发周期和生命周期缩短，市场的不确定性大大增强。所有这些因素都动摇了大规模生产的基础，企业迫切需要一种新的生产方式来满足消费者对低成本、高质量、个性化产品的需求。消费者可以根据自身特点和喜好进行自定义设计，企业则根据客户的具体要求进行个性化定制。这种变化改变了人们的生活方式，使消费者购买的产品和服务既体现了自身智慧，又彰显了个性化特点，从而提高了生活质量。一种新的生产方式——大规模定制正不断走向我们。

大规模定制的思想最早由阿尔文·托夫勒提出。1987年，斯坦·戴维斯首次提出大规模定制的概念。1993年，B.约瑟夫·派恩二世进一步发展了大规模定制的概念，认为它是一种新的生产方式。2001年Silveira等从广义和狭义角度，将大规模定制的定义分为两种，并从战略层次上给出了广义上的定义。而要阐述狭义的定义需要结合具体的管理环境。企业提供定制产品和服务是市场竞争的结果，技术进步、客户消费能力的提高，要想满足客户需求，应对市场竞争形势，企业不得不这样做，于是出现了大规模定制方式。研究认为，协调好物流、运作、分销和营销等多种职能部门是成功实施大规模定制的前提，调查结果表明，在这些职能部门中扮演最重要角色的是运作职能。研究还认为，成功实施大规模定制在组织方面有4个关键要素，包括供应链的有效性、技术的先进性和柔性、产品的可定制性以及知识的共享。

Duray等（2000）认为不同程度的定制需要采用不同的生产管理方法。Kotha（1996）分析日本自行车公司实施大规模定制的案例发现，通过培养和建立一个知识创造型的动态系统，大规模定制和大规模生产可以在同一企业内的不同生产线上同时实现，并且可以实现大规模定制和大规模生产两种生产模式间的相互促进。与Kotha的观点相似，Radder和Louw（1999）也认为，大规模定制和大规模生产不是难以协调的对立面，而是持续改变连续带中的两个不同点，分别适用于不同的条件。这些研究形成以下共识，即定制是可以始于价值链的任何点，大规模定制和大规模生产是持续改变连续带中的两个不同点，同一个企业可以通过协调大规模定制和大规模生产，使之相互促进，但对于不同定制程度的多个定制点能否在同一个企业内同时实现，以及如何达到供应链协调却没有描述。对这一持续改变的连续带也没有明确描述。

21世纪，随着全球经济一体化的加速推进以及信息技术的飞速发展和广泛应用，消费方式进一步向多样化、个性化甚至极限化方向发展，产品生命周期也进一步缩短，市场国际化已经成为不可抗拒的历史潮流，市场不确定性也随之增大。在这样的市场环境下，传统的大规模生产方式显现出其自身的局限性。首先，大规模生产以较少品种批量方式组织生产的"刚性"制造系统虽然高效、成本低，但难以适应频繁的市场变化，产品品种较少且固定，不易满足市场需求的快速变化。其次，传统的多层递阶结构使企业缺乏快速响应市场的能力，组织分工越细，管理成本越高，对外界反应也越迟缓。再者，大规模生产中企业间的竞争关系导致信息封锁，部门之间信息交流不足，难以适应市场的快速变化。最后，大规模生产对输入稳定性和统一市场的要求使其难以适应市场的瞬息万变，失去了灵活性和调控能力。所有这些因素促使企业不得不进行变革。面对这些变化，越来越多的行业不再执着于向统一市场提供标准化的产品或服务，转而投身于一种新的生产方式——大规模定制。大规模定制是以顾客的需求为中心，通过灵活性和快速响应实现多样化和定制化的生产方式。在汽车、计算机、电信、家电、食品、快餐、旅游、物流、金融服务等领域，大规模定制正悄然兴起。企业通过信息技术和先进的生产制造技术，面向客户提供个性化定制的产品和服务，从而使顾客价值最大化，获得竞争优势。与传统的大规模生产方式相比，大规模定制更加注重用户先选择后生产，旨在满足单个客户的需求，是一种以顾客为导向、以低成本方式提供定制产品和服务的全新生产方式，也逐步成为21世纪的主流生产方式。大规模定制生产方式的出现，不仅反映了生产方式的历史演变，也体现了人类文明的发展进程。

二、从大规模定制生产到客户化定制生产的演变

然而随着消费者需求的不断升级和客户需求的日益多元化，大规模定制生产面临着客户个性化需求、成本与速度、竞争对手3个方面的巨大挑战。

（一）客户个性化需求的挑战源自市场的多样性

每个客户都有独特的需求和偏好，而这些差异可能涉及生产的各个环节，从产品设计到制造再到交付环节都需要考虑。在面对众多客户的需求时，企业需要具备高度的灵活性和响应能力，以满足个性化定制的要求。这种挑战使得企业需要在生产运作的每个阶段都面临更高的要求和复杂性，增加了满足定制化需求的难度。

（二）成本与速度的挑战要求企业在满足客户个性化需求的同时保持竞争力

在当今竞争激烈的市场环境下，为了实现低成本，企业需要采用标准化零件和模块化设计，以降低采购和生产成本。同时，为了快速响应客户需求，企业需要具备灵活的生产设备和高效的设计开发能力。这就要求企业拥有有效的信息系统和服务体系，以确保及时获取客户需求并提供定制化产品或服务。因此，要同时实现成本和速度的双重挑战，企业需要不断提升自身的管理和技术水平。

（三）来自竞争对手的挑战是企业在大规模定制市场中面临的另一重要挑战

如果竞争对手能够更好地满足客户个性化需求，并且以更低的成本或更快的速度提供定制化产品或服务，那么企业就会失去竞争优势，受到竞争对手的威胁。因此，企业需要不断提升自身的竞争力，通过创新和持续改进，确保在市场竞争中保持领先地位。

因此，随着竞争的加剧，客户化定制理念被发展出来，面向客户定制的能力已经成为产品和服务提供者追求的目标。构建面向客户定制的供应链已经成为企业的战略选择。传统的大规模生产方式下的供应链管理理论研究和企业实践相对成熟，而面向客户定制模式下供应链的协同运作无论是理论研

究还是企业实践上都有很长的路要走。2016年5月4日，李克强总理主持国务院常务会议，部署推动制造业与互联网深度融合，加快"中国制造"转型升级，会上强调要发展个性化定制、服务型制造等新模式……打造制造、营销、物流等一体化新生态。这必将推动我国面向客户定制模式下供应链管理理论研究和企业实践的新热潮。然而，并不是所有的产品都适合定制，也不是所有客户都要求提供定制服务。客户的定制要求有不同层次，对应于企业有不同的定制服务类型。客户化定制针对每位客户进行量身定制，满足客户个性化需求，客户化定制是大规模定制新的发展阶段，是一种将大规模定制和定制营销结合在一起以客户为中心的新战略，同时，客户化定制还是一种在互联网和电子商务快速发展的环境下企业更好适应客户个性化和一对一营销的方法，是一种客户和企业之间交互的方法。客户化定制和传统运作模式最显著的区别是客户参与定制。要成功实施客户化定制，不仅需要采取按订单生产策略，还需要将各职能策略协调一致，特别是将生产运作和市场营销匹配起来，否则企业的整体战略目标难以顺利实现。在细分市场的基础上，企业也可以通过综合个性化营销、大规模定制和标准化生产等方式，在竞争中取得优势策略。

从生产运作方式发展的角度看，供求关系和技术推动使生产运作方式发生根本变化，生产运作方式沿着大规模生产、多样化生产，一直到大规模定制的方式转变，将来会朝着客户化定制方向发展。大规模定制目前还没有权威的定义，现存的大规模定制的不同定义在定制的程度、定制的方法和手段上存在分歧，但是各种定义具有共同之处。从大规模定制开始，客户逐渐参与到越来越多的核心运作过程中，企业运作由客户订单驱动。客户化定制比大规模定制在营销方面更加个性化，客户参与的环节和控制权更多，运作内容也增加了定制过程中的客户参与活动，因此随着全球经济一体化的推进，市场竞争进一步加剧，客户的需求越来越个性化，企业为了适应这种变化，以大规模定制，甚至客户化定制的产品来满足市场需求，导致企业生产的产品品种激增，市场预测失灵，满足客户需求的难度增大，供应链日趋复杂。对企业在面向客户定制供应链运营过程中，保持供应链协调与供需平衡方面带来很大的压力。所以企业越来越重视面向客户定制模式下的供应链协同运作，国内外越来越多的学者开始对客户化定制生产模式及面向客户定制的供应链管理进行较深入的研究。由于大规模定制存在一些无法克服的缺陷，Schuler 和 Buehlmann（2003）提出了"客户化定制"一词，强调以客户为导向，要求企业应运用系统方法合理安排其流程。对于面向客户化定制模式下供应链中复杂的产品构成以及多变的需求，大规模定制生产方式很难适用，缺乏灵活性。

第四节 国外定制化发展趋势

国外在面向客户定制的研究方面，对于大规模定制的理论探索与企业实践已较为成熟，积累了丰富的成果。相比之下，客户化定制的研究尚处于快速发展阶段，尽管理论和方法不断推陈出新，但多数仍以市场营销视角的定性探讨为主。即时客户化概念已经形成，但是对于即时客户化定制的研究还处于理论研究阶段，企业实践还没有成功实施的案例。全面客户参与是实现即时客户化定制的前提条件。1998年Yeh和Pearlson结合基于时间竞争的理论提出即时客户化定制的理念，他们认为，只有消除传统企业存在的间隙和边界，企业才能成为零时组织，才能实现即时客户化定制。目前大多研究焦点集中在企业实施面向客户化定制策略时，如何在细分市场的基础上通过整合多种运营方式，以及如何在竞争中取得优势策略等方面，但相关理论研究不够深入，实证研究也较少。

第二章 烟叶供应链发展现状

第一节 烟叶产业概况

烟草（*Nicotiana tabacum* L.）是茄科烟草属植物，属一年生或有限多年生草本植物，其全株表面覆盖着腺毛。烟草植株的根部较为粗壮，茎部高度可达 0.7～2.0 米，基部呈木质化。其叶片形态多样，常见为矩圆状披针形、披针形、矩圆形或卵形，顶端尖锐，基部渐渐变窄，半抱茎。烟草的花序呈顶生的圆锥状，花梗长度通常在 5～20 毫米，夏、秋季开花结果，果实为卵形或矩圆形的蒴果，种子较小，呈棕色（图2-1）。

图 2-1　烟株上各部位叶片名称

烟草原产于南美洲，最早被印第安人发现并使用。15世纪末，哥伦布发现美洲后，将烟草带回欧洲，烟草逐渐开始在全球范围内传播。烟草传入中国的时间可以追溯到明朝万历年间，最初被称为淡巴菰、相思草、烟酒等。普遍使用"烟草"和"烟丝"的名称则是在清代以后。烟草传入中国主要有3条路径，第一条是从菲律宾传入我国台湾、福建，再扩散至北方；第二条是通过南洋传入广东，再由军队带至北方；第三条则从日本经朝鲜传入中国东北地区，后来清太宗曾因其非本土作物而下令禁种。烟草是一种喜温作物，对温度条件敏感，温度的变化对烟草的产量和品质有显著影响。优质烟草生育期要求前期温度偏低、后期温度较高。

中国的烟叶产业在国民经济中占据重要地位，既是烟草行业发展的基础，也是农村经济的重要组成部分。随着国内外竞争的加剧以及控烟运动的持续深入，烟叶产业面临新的挑战和发展机遇。在这种背景下，烟叶产业需要兼顾维护烟农利益、满足卷烟品牌的原料需求，并实现资源的高效利用，减少浪费，迎合控烟要求，促进烟草行业的健康发展。

中国的烟叶播种面积和产量一直位居世界前列（图2-2、图2-3）。2022年统计数据显示，中国烟叶年播种面积保持在101.3万公顷左右，年产量为200余万吨。

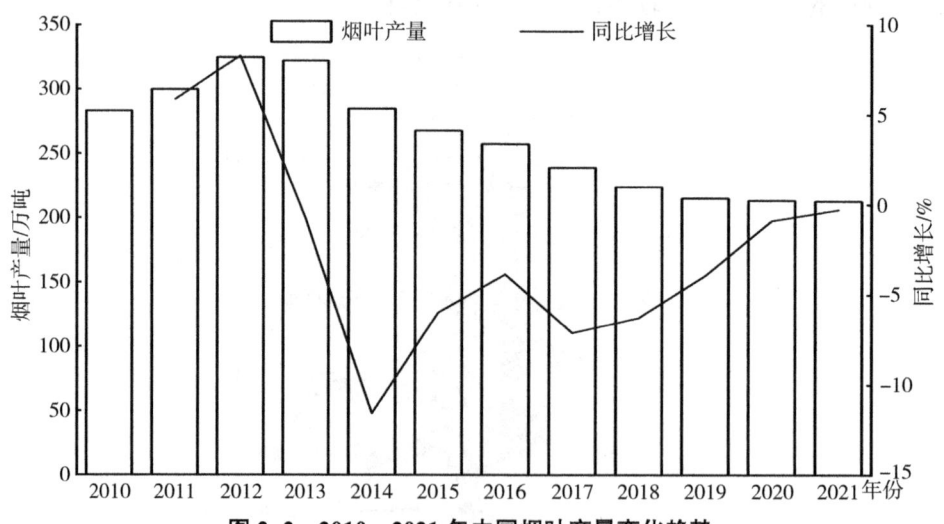

图2-2 2010—2021年中国烟叶产量变化趋势
数据来源：国家统计局

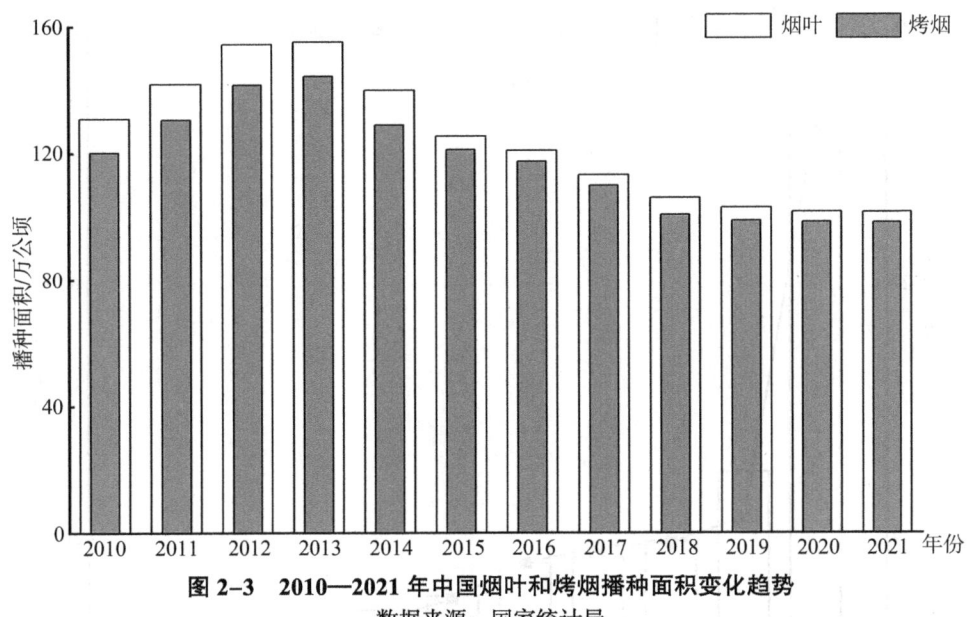

图 2-3 2010—2021 年中国烟叶和烤烟播种面积变化趋势
数据来源：国家统计局

烟叶生产集中在五大主要种植区域，包括西南烟草种植区（云南、贵州、四川）、东南烟草种植区（福建、广东、广西等）、长江中上游烟草种植区（湖南、湖北、重庆、陕西、宁夏）、黄淮烟草种植区（河南、安徽、山东）和北方烟草种植区（黑龙江、吉林、内蒙古、新疆）。每个区域生产不同类型的烟叶，如烤烟、白肋烟和东方烟草。按省域排名，烟叶种植面积居全国前5的省份分别为云南、贵州、河南、湖南和四川。其中全国90%以上的烟叶种植面积集中分布于云南、贵州、湖南、河南、四川、福建、湖北、重庆、陕西和山东10个省。2021年，云南烟叶播种面积共计40.9万公顷，占全国烟叶播种总面积的40.34%，全国排名第一；贵州烟叶播种面积共计13.68万公顷，占全国烟叶播种总面积的13.51%，全国排名第二；湖南烟叶播种面积共计8.76万公顷，占全国烟叶播种总面积的8.64%，全国排名第三。从产量来看，2021年，云南烟叶产量占全国总产量的39.83%，达84.7万吨，位居全国首位；贵州烟叶产量占全国总产量的10.93%，为23.2万吨，全国排名第二；河南烟叶产量达19.3万吨，占全国烟叶总产量的9.07%，全国排名第三（图2-4）。

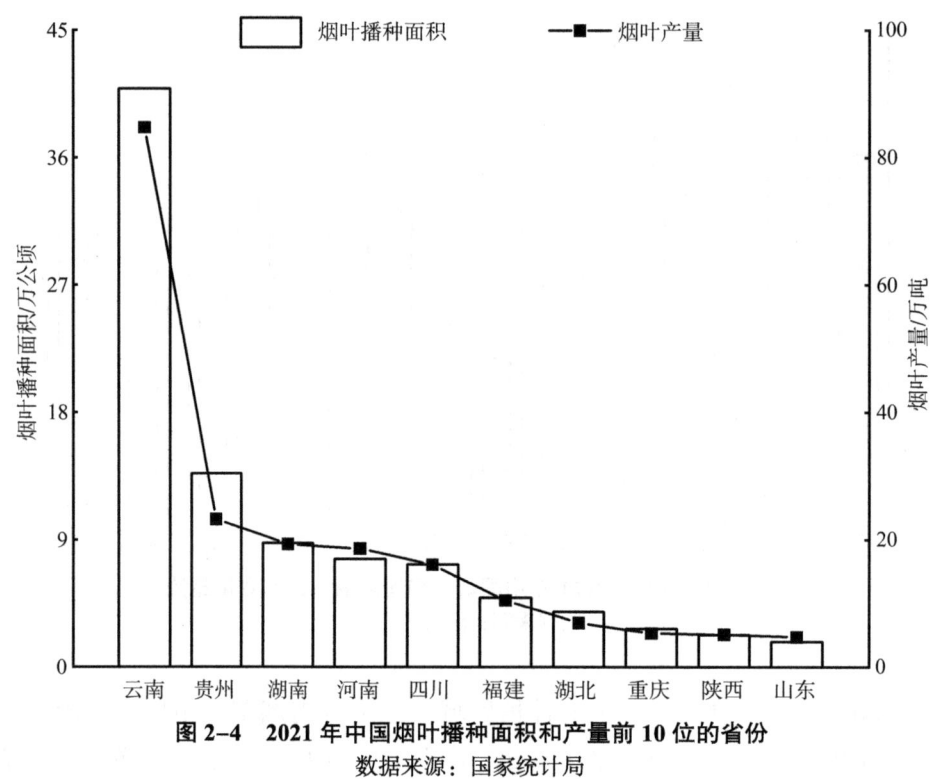

图 2-4　2021 年中国烟叶播种面积和产量前 10 位的省份
数据来源：国家统计局

第二节　烟叶供给过程

一、烟叶供给环节和主体

烟叶生产供给过程以烟草工商业企业为中心，通过多个环节和主体相互协作，构成了一个完整的供应链体系（图 2-5）。

（一）烟农与卷烟销售客户（零售户）

烟农是烟叶生产供给过程的起点，作为原烟的供应者，他们与烟草商业企业签订合同，按照既定的种植面积和标准化技术要求，提供符合质量和数量要求的烟叶。烟农在生产过程中不仅受到烟草商业企业的技术指导，还会得到种子、化肥等生产资料的支持。这一合作模式保障了烟叶生产的统一性和规范性，使生产环节的每一个步骤都能够按照工业企业的需求进行。同时，烟草公司通过合同农业的方式，确保烟农的生产活动符合国家政策，并保障他们的经济收益。烟草公司还为烟农提供管理培训、质量控制、病虫害防治等技术服务，增强了烟叶生产的效率和质量。卷烟销售客户（零售户）在获得烟草专卖零售许可后，作为卷烟产品的合法终端销售者，起到了连接生产与消费的关键作用。他们从烟草商业企业批发卷烟产品，并通过零售环节将其销售给最终消费者。

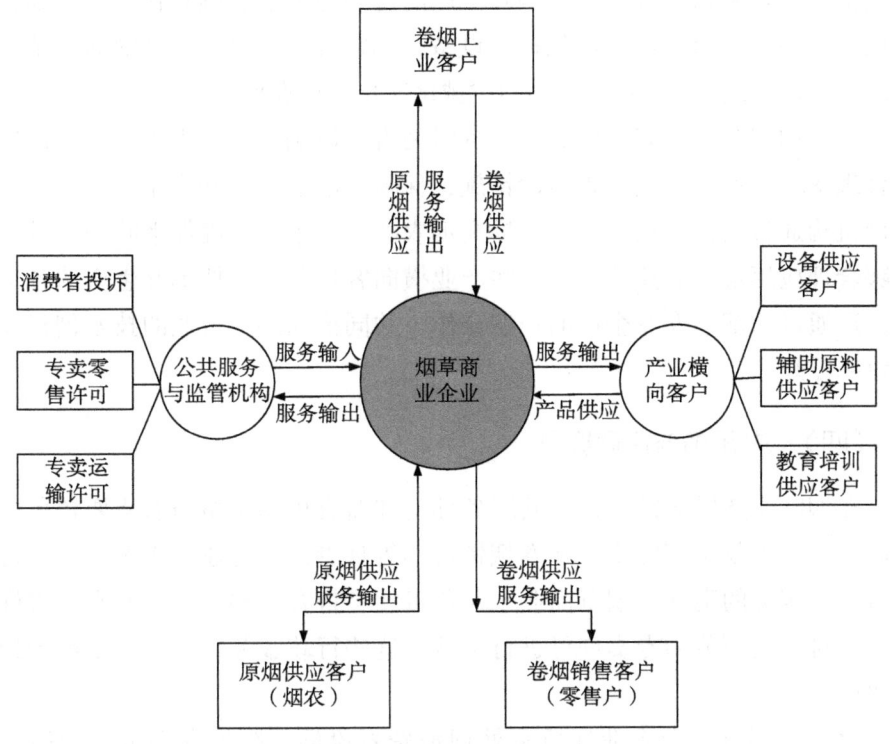

图 2-5　烟叶供给过程中涉及的主体

（二）卷烟工业客户

卷烟工业客户，即卷烟生产企业，是烟叶供应链中关键的中游环节。作为原烟的直接使用者，卷烟工业客户从烟草商业企业购进原烟，并将其加工成卷烟产品。在定制化生产的背景下，卷烟工业客户不仅是烟叶的采购者，还通过合作确定烟叶的品种、质量要求以及加工处理方式。例如，卷烟工业客户会针对不同卷烟品牌的需求，提出对香气、燃烧性、烟碱含量等方面的具体要求，烟草商业企业根据这些要求调整种植技术并优化生产管理过程。

（三）产业横向客户

在整个烟叶供应链中，产业横向客户是为烟叶种植、加工及物流环节提供支持的相关服务供应商。这一类客户包括农业机械设备供应商、化肥和农药供应商、农业技术培训机构等。在烟叶种植过程中，烟草商业企业需要与这些横向客户密切合作，确保烟叶生产的各个环节能够顺利进行。例如，农业机械设备供应商提供现代化种植设备，如精准播种机、自动灌溉系统、现代烘烤设备等，提升了烟叶生产的机械化和自动化水平。

化肥和农药供应商提供的生产资料则直接影响烟叶的生长过程，通过科学合理的肥料使用和病虫害防治措施，保障烟叶的品质和产量。此外，技术培训机构通过培训和教育服务，提高烟农的种植水平，确保烟叶种植过程中能够合理应用现代农业技术。这些产业横向客户不仅支持烟叶生产的各个环节，还通过与烟草商业企业的长期合作，共同推动烟草行业的技术创新和生产效率提升。

（四）公共服务与监管机构

在烟叶生产供应链中，公共服务部门和监管机构也扮演着重要角色。烟草商业企业不仅是烟叶生产和卷烟销售的管理者，同时还承担着为烟草行业提供公共服务的责任。烟草商业企业负责向零售客户颁发烟草专卖零售许可证，并对运输环节的专卖许可进行审核。这些行政服务确保了烟草市场的规范化运营。

此外，烟草商业企业还负责处理消费者投诉，维护卷烟市场的稳定和良好声誉。与此同时，公共服务部门与监管机构通过法律法规和行业标准的制定与执行，监督和引导烟草商业企业的生产经营活动。主管部门对烟叶生产的数量、质量和市场供应进行宏观调控，确保行业健康发展。监管机构还会对烟叶生产的环境影响、食品安全、市场规范性等方面进行严格管理，确保烟叶产业能够符合可持续发展的要求。

二、烟叶供应链过程特点

（一）双向互动

烟叶供应链的双向互动性表现在烟草商业企业与上下游多个主体之间的密切关系。一方面，烟农作为供应链的上游，向烟草商业企业提供原烟供应，烟草商业企业则为烟农提供技术指导、种植物资等支持，从而保障烟叶生产的高质量和可持续发展。通过签订种植合同，烟草公司确保烟农的生产活动符合国家政策要求，并通过定期培训、现场指导等方式帮助烟农提升生产技能。另一方面，烟草商业企业通过收购烟叶，并将其供应给下游的卷烟生产企业。卷烟工业企业根据市场需求，对烟草原料的品质和数量提出具体要求。烟草商业企业再通过反馈市场和工业需求，调整烟叶生产的技术标准和管理措施，确保供需的精准对接。这个互动模式保障了产业链的上下游之间的信息流动、需求响应和资源分配的高效性，最大化提升了供应链的协同效应。

（二）纵向延伸

烟叶供应链纵向延伸贯穿了从种植到加工的各个环节。整个生产供应链由烟叶种植开始，经过收购、复烤加工、物流调拨等一系列环节，最终为卷烟工业企业提供符合标准的原烟。每个环节都是供应链中不可或缺的一部分，且受控于烟草工商业企业的统一组织和管理。

1. 烤烟种植

烟叶的种植是整个供应链的起点。根据烤烟种植的特点及特色技术要求，烟草商业企业通过向种植主体集中供应种子、农药和肥料等基础生产资料，以及派遣农业技术人员进行指导，保障烟叶的高质量种植。

2. 烟叶收购

按照专卖法管理要求，烟草公司按照与烟农签订的烤烟种植收购合同，对照烤烟等级质量标准，对烟农种植的烟叶进行集中收购，在实现烟农种烟收益的同时，拉开了烟叶作为定制化生产商品的流通序幕。

3. 烟叶调拨

烟叶调拨是指烤烟种植主体将初烤后的烟叶销售给地方烟草公司后，烟草公司按照主管部门计划管理相关要求，组织烟叶在烟草工商企业等经营主体间流通并发生物权转移的烟叶购销商事行为。

4. 复烤加工

复烤加工是初烤烟叶调拨到复烤厂后，复烤企业按照委托加工主体要求和相关技术标准，对烟叶进行进一步处理，以改善烟叶的物理特性、化学成分和可燃性，提高卷烟生产的适用性和烟叶质量稳定性。

5. 仓储醇化

烟叶作为卷烟生产的主要原料，在复烤企业加工完成形成成品片烟后，流通到卷烟工业企业，卷烟工业企业按照卷烟原料配方需求，对成品片烟进行存储和醇化发酵的保管过程。

6. 原料使用

烟叶原料经复烤加工和仓储醇化后，卷烟工业企业按照自身卷烟品牌生产需求，按照不同模块配方功能，对烟叶进行切丝使用，生产卷烟产品的过程。原料使用是烟叶作为商品流通的最终环节。

（三）横向扩展

烟叶供应链不仅局限于上下游之间的关系，还向横向延展，包括多个相关领域的供应商和服务提供商。烟草商业企业不仅与烟农和卷烟工业企业保持互动，还通过与横向产业合作，包括设备供应、辅助原料供应、培训和技术支持等，形成了更为广泛的协作体系。

1. 设备供应

烟叶种植、采摘、烘烤等过程需要大量的机械设备和技术支持，烟草商业企业通过与农业设备供应商的合作，确保生产的现代化和机械化水平。

2. 技术培训

通过与培训机构的合作，烟草商业企业为烟农提供科学种植技术、病虫害防治方案等培训服务，提升烟叶种植的专业化水平。

3. 辅助原料供应

包括烟草专用肥料、农药、烘烤燃料等物资的供应，也是烟叶供应链的重要环节。烟草商业企业与原料供应商紧密合作，确保物资及时到位，并符合环保和质量要求。

烟叶供应链的双向互动、纵向延伸和横向扩展，使其在整个烟草产业链中起到了关键的协调和组织作用。通过双向互动保障产业链上下游信息的及时传递与响应，纵向延伸确保了生产各环节的高效衔接，而横向扩展则通过与各类供应商和服务商的合作,提升了烟叶生产的现代化、标准化和可持续性。这种复杂的、多层次的供给体系不仅增强了供应链的稳定性,也推动了整个烟草行业的高效发展。

第三节 烟叶供应特征

一、产业链完整

烟叶产业链涵盖了从种植、收购、复烤加工到最终进入卷烟工业企业的完整供应体系,各环节高度衔接,形成稳定的产业链条。上游环节(原料生产)涉及种植、育苗、田间管理、采收与烘烤等,确保原料供应的稳定性;中游环节包括烟叶收购与复烤,烟草公司按照国家和地方烟草专卖管理制度,对烟农种植的烟叶进行统一分级收购(图2-6),并通过复烤加工提升烟叶质量;下游环节即卷烟工业生产,烟叶经过复烤加工后进入卷烟生产环节,与其他配料进行科学配比,生产不同品牌品规的卷烟产品。由于烟叶供应链的垂直整合度高,各环节之间衔接紧密,减少了市场波动带来的影响,确保烟叶供应的稳定性和可控性。

图 2-6 烟叶分级

二、计划性强

烟叶供应的计划性是其区别于大农业的显著特征之一。烟叶生产与供应遵循严格的计划管理模式，涉及种植计划、收购计划、库存管理以及工业生产需求预测，确保供应链的有序运作。每年烟叶生产周期开始前，烟草公司根据市场需求、工业企业需求和政策导向，与烟农签订种植合同，确定烟叶种植面积和品种结构，保障烟叶生产与卷烟工业企业的需求高度一致。

三、面对集团客户

烟叶的主要需求方为各大卷烟工业企业，供应市场相对集中，与一般农产品面向终端消费者或零售市场的模式不同，具有定向供应、批量交易和稳定合作的特点。烟叶供应的主要客户是全国范围内的大型卷烟生产企业，如贵州中烟、湖南中烟、江苏中烟等，烟叶需求量大且稳定。不同品牌卷烟对烟叶品种、收购等级等有不同要求，烟区根据工业企业个性化需求进行定制化生产，确保满足工业需求。烟区与卷烟企业通常建立长期合作关系，确保原料供应稳定。

四、供给周期相对稳定

与其他农产品相比，烟叶供应具有较强的周期性，但由于行业内良好的计划管理和库存储备，烟叶供给的波动较小，整体呈现出供给节奏可预测、调控能力强、供应链稳定的特点。烟叶生产按照年度周期进行，育苗、移栽、采收烘烤和收购等环节开展时间相对固定，使得烟叶生产具有较强的可预测性。烟叶还具有一定的存储期，工业企业通过库存管理进行供应调节，确保在非收购季节仍能稳定供给，不受短期市场波动影响。同时，由于烟叶供应体系较为成熟，面对自然灾害（如干旱、洪涝、病虫害等）导致的减产，可通过跨区调拨、增加库存投放等方式应对困难，确保供给稳定。

第三章 烟叶定制化生产

第一节 烟叶定制化生产概况

一、烟叶定制化生产的由来

体验经济之父约瑟夫·派恩指出,长期以来,产品要么是定制的,要么是大规模生产的。随着市场竞争的日益激烈,客户化定制和即时客户化定制的理念不断发展,面向客户的定制能力已成为企业追求的目标之一。构建面向客户的供应链已成为许多企业的战略选择。烟叶定制化生产则是在大规模生产基础上演进而来的客户化定制模式。从最初的计划订单供应到与工商合作建设原料"第一车间",再到基地单元规模生产,直至今天基于卷烟品牌原料需求的烟叶定制化生产,每个阶段的发展都是基于不同的生产理念和不同阶段的供给需求而演进的结果。

在供应链管理领域,随着市场竞争的日益激烈和消费者个性化需求的不断增加,传统的大规模生产模式已经不能满足市场的需求。定制化生产作为一种新型的生产模式逐渐受到重视和应用。定制化生产强调根据客户需求的个性化特征进行生产制造,以实现产品的个性化定制和差异化竞争。随着客户对产品和服务个性化需求的不断增加,即时客户化定制的理念也逐渐受到重视,面向客户定制的能力成为企业追求的目标之一。

传统的大规模生产模式下的供应链管理理论和实践已经相对成熟,而面向客户定制模式下的供应链管理则面临着诸多挑战和机遇。农产品的定制化生产尤其具有挑战性,因为农产品生产的特殊性和复杂性需要更加灵活和高效的供应链管理模式。烟叶作为卷烟生产的关键原料,其供应链具有独特的特点和挑战。因此,构建面向客户定制的烟叶供应链管理体系对烟草行业具有重要意义。通过深入研究和探索,可以有效应对烟草产业链中的各种挑战,并实现供应链管理的优化和升级。

二、烟叶定制化生产发展

烟叶生产主要采用计划订单生产的传统模式，即根据卷烟工业企业的需求进行相应数量的生产。在这一模式下，生产供应主要关注供给数量，而在卷烟市场逐渐饱和、竞争日益激烈的背景下，消费者的需求也不断发生变化，对卷烟品牌的内在品质和感官体验提出了更高的要求。而随着卷烟市场的变化和消费需求的升级，卷烟工业企业在实现品牌突破发展方面面临新的挑战。为了提升自身卷烟品牌的竞争力，企业需要不断改善卷烟的内在品质，并凸显卷烟品牌品规上的独特之处。在此背景下，从烟叶原料端着手持续发力显得尤为重要。通过对原料的精心选择、优化和管理，卷烟企业可以凸显和丰富自身卷烟品牌品规的品牌内涵、品质特色。因此，从原料端持续发力成为卷烟工业企业在适应市场需求、迎接竞争挑战的关键战略之一。通过不断创新原料的选择和处理，企业能够更好地满足消费者对高品质卷烟的需求，助力卷烟品牌高质量发展。

在中式卷烟原料供应链中，生产、收购和复烤加工环节由产区烟草部门负责，而复烤加工后形成的片烟则由生产卷烟的工业企业进行流通和使用。在此过程中，烟叶原料的质量管控主要依赖于烟区经营主体的实施。然而传统的供给模式往往存在一些问题，如需求方对供应方原料的定位不够清晰，供应方对需求方原料的具体要求不清楚或识别不准确，导致供需匹配度不高，甚至出现供给与需求不匹配的情况。

为了解决这些问题，推行烟叶定制化生产势在必行。越来越多的工商企业意识到，只有通过高效的协同合作，才能在烟叶风格特色彰显、内在质量提升、供给结构优化、复烤工艺改进等方面持续取得进步。通过紧密的合作，工商企业可以共同努力，不断改进和优化烟叶原料供应链，以提高烟叶原料供给水平，满足市场需求，促进卷烟产业的可持续发展。

第二节 烟叶定制化生产意义

通过多年的烟叶定制化生产实践，人们对烟叶定制化生产的认识不断深化。特别是在当前行业高质量发展和现代化建设的大背景下，烟叶定制化生产的作用更加突显，其意义也变得更加丰富。

一、深化供给侧结构性改革的必然选择

供给侧结构性改革是指通过改革手段，从提高供给质量出发，推动经济结构调整和优化，纠正资源配置的不合理现象，扩大有效供给，增强供给结构对需求变化的适应性和灵活性，从而提高全要素生产率，更好地满足人民群众的需求，促进经济社会的持续健康发展。习近平总书记指出，深化供给侧结构性改革是建设现代化经济体系的重要举措，必须把发展经济的重点放在实体经济上，将提高供给体系的质量作为改革的主攻方向，以显著增强我国经济的质量优势。

烟草作为重要的实体经济之一，烟叶原料供给则是烟草产业链中至关重要的组成部分。实施烟叶定制化生产正是在供给侧结构性改革的背景下应运而生的重要举措。通过烟叶定制化生产，重点从合作模式、技术体系、流通秩序等方面深化烟叶原料的供给侧结构性改革。这意味着不仅需要优化烟叶生产合作模式，还需要提升技术体系的现代化水平，改善烟叶的流通秩序，以提高烟叶原料的质量和供需匹配度。

通过实施烟叶定制化生产来构建一个更加紧密的供需互动机制，建立更加完善的技术体系，保障供给的有效性和安全性，从而提高整个烟叶产业链的韧性和安全水平。这一新模式的实施将有助于烟叶生产体系更好地适应市场需求的变化，提升产业链供应链的韧性和安全水平。

二、烟草农业现代化建设的本质要求

党的二十大对农业农村工作进行了全面部署，明确指出未来5年乃至2035年的重要任务是全面推进乡村振兴，实现农业现代化，并最终建成农业强国。在这一战略框架下，乡村产业振兴被视为乡村振兴的重要物质基础，而烟叶产业作为扎根农村、面向农民的重要农业产业，在乡村振兴中具有重要的地位和作用。

乡村振兴的关键在于实现产业振兴，而烟叶产业的发展往往能够为农民增收提供重要支撑。因此，大力推进烟叶定制化生产，不仅是农业农村工作的重要举措，也是乡村振兴战略的关键一环。通过实施烟叶定制化生产，可以持续优化产能布局、烟区布局和单元布局，构建高端卷烟品牌原料定制化开发的技术体系、质量管控体系和烟叶流通体系，从而形成工商互动紧密、

运行机制顺畅、原料保障有力的烟叶产业发展新格局。这一举措不仅可以持续实现助农增收的长远目标，更是推动产业高质量发展、现代化建设的重要途径。通过促进烟叶产业的发展，可以带动农村经济的蓬勃发展，提升农民的收入水平，促进农村产业结构的优化和升级。同时，烟叶产业的现代化发展也将为乡村振兴和农业农村现代化进程提供坚实的物质基础和强大的支撑力量。

三、提升工商品牌竞争力的重要路径

近年来，随着行业"大品牌、大市场、大企业"发展战略的深度实施和市场化取向改革的深入推进，烟草行业不同经营主体间的市场竞争日趋激烈，原料供给端的输出竞争和不同卷烟品牌之间的竞争也同时并行。尤其在行业原料供给由增转稳和卷烟市场增量空间持续收窄的大背景下，如何赢得有限的市场空间，在增量有限的大环境下实现稳中有增，是各工商企业必须面临的重大课题。

通过烟叶定制化生产，一方面可以让商业企业更加精准掌握工业客户个性化原料需求。通过建立基于品牌原料需求的技术体系优化和管理输入，提高订单匹配能力和供给质量，赢得下游企业认可，从而稳定和拓展自身产业规模，赢得竞争优势。烟叶定制化生产的实施使得烟草企业能够更好地满足不同客户的需求，提升了企业的市场竞争力和生产效率。另一方面，基于原料柔性供给体系的发展，工业在基于中式卷烟原料配方特征的基础上，得到更好、更稳定的原料保障前提下，能够更好地保障原有卷烟产品的质量稳定。同时，通过烟叶定制化生产，企业可以在更加细分和差异化市场机遇中，更加灵活地开发具有自身原料特色的卷烟新产品，以此实现自身品牌的进一步发展，满足不同消费者群体的需求，持续拓展市场份额。因此，大力实施烟叶定制化生产，是烟草工商企业获取竞争优势的重要路径。

第四章　贵州烟叶定制化生产

第一节　贵州烟叶产业发展概况

一、贵州区位特点

贵州地理位置优越，处于云贵高原的中心地带，与湖南、广西、云南、四川和重庆相邻，形成了独特的地理环境和气候条件。贵州地形复杂多变，山地和丘陵地貌占据了大部分面积，被称为"八山一水一分田"，这种地形特点为烟叶种植提供了得天独厚的优势（图4-1）。

图 4-1　贵州区位优势得天独厚

贵州的气候属于亚热带湿润季风气候，年均温15℃，降水充沛，无霜期达270天以上。同时，由于地形和纬度的影响，贵州的气候条件在省内呈现出明显的区域差异，形成了多种气候类型。这种气候多样性为贵州的烟叶生产提供了得天独厚的条件，孕育了以乌蒙山脉、盘江流域和娄山山脉、乌江流域为核心的两大烟叶产业带。烟叶总量规模全国第二，其中蜜甜香型烟叶规模全国第一，清甜香型烟叶规模全国第二。在这样的气候条件下，贵州的烟叶种植业具有得天独厚的优势，成为全国烟叶产业的重要组成部分。

贵州的烟叶产业具有悠久的历史和丰富的品种资源，曾享有"金色粉底色鲜亮，油润光滑细如绸"的美誉。贵州的烟叶种植历史悠久，具有悠久的种植传统和丰富的种质资源。同时，贵州的烟叶产业在全国范围内占据重要地位，是中华、芙蓉王、苏烟、利群、黄鹤楼、云烟、贵烟等诸多国内知名卷烟品牌的重要原料供应地之一。根据工业企业的反馈，贵州山地蜜甜香"蜜、融、净"和清甜香"甜、香、柔"的品质特征彰显，在卷烟品牌使用中"香气醇、留香长、透发好、促香强"等配方特点突出，是重点卷烟品牌不可或缺的原料之一。

近年来，贵州按照主管部门安排部署，紧紧围绕"正确处理好三个关系、牢牢守住两条底线"总体要求，以烟草农业现代化为方向，聚焦高质量发展主题，锚定烟叶"品质提升、品牌树立、品格塑造"战略目标要求，全面构建创新驱动、绿色低碳、优质高效、安全可靠的高质量发展方式，以钉钉子精神深化实施以采烤提质、商品质量提升、规范管理提升及烟叶定制化生产为主要内容的"3+1"行动组合拳，不断提升贵州烟叶原料的供给水平、保障质量、服务能力，助力烟叶高质量发展现代化建设。

二、烟叶产业分布

（一）地理布局

贵州烟叶产业具有较大规模和较高的区域集中度，形成了全省范围内较为稳定的产业布局和生产体系。贵州烟叶产业凭借其广泛的种植面积、较高的集中度和优越的自然条件，形成了全省乃至全国范围内具有重要影响力的烟叶供应基地。其规模和集中化特点为贵州经济、社会和农业现代化发展做出了显著贡献。

1. 总规模

截至 2024 年，贵州烟叶产业规模为 435.62 万担，种植面积达到 174.2 万亩[①]。该规模反映出贵州作为中国重要烟叶生产省份的地位。在这一广泛的种植区域中，烟叶种植涉及 9 个市（州）、59 个县（区、市）、673 个种烟乡（镇）和 3 532 个种烟村。其中，产业规模超过 10 万担的县（区、市）共计 16 个，分别为遵义市的正安县、务川仡佬族苗族自治县、凤冈县、湄潭县、余庆县，黔东南苗族侗族自治州（简称黔东南州）的镇远县，毕节市的咸宁彝族回族苗族自治县、赫章县、七星关区、大方县、黔西市，六盘水市的水城区，黔西南布依族苗族自治州（简称黔西南州）的兴义市、安龙县、兴仁市、普安县；产业规模在 5 万～10 万担的县（区、市）共计 15 个，分别为遵义市的播州区、汇川区、绥阳县、桐梓县、道真仡佬族苗族自治县，铜仁市的沿河县、德江县，黔东南州的施秉县，黔南布依族苗族自治州（简称黔南州）的瓮安县，贵阳市的开阳县，毕节市的金沙县、纳雍县、织金县，六盘水市的盘州市，黔西南州的贞丰县；产业规模 5 万担以下的县（区、市）共计 14 个，分别为铜仁市的印江土家族苗族自治县、思南县、石阡县，黔东南州的岑巩县、黄平县、麻江县，黔南州的福泉市、平塘县，贵阳市的清镇市，安顺市的平坝区、西秀区、长顺县、紫云苗族布依族自治县，黔西南州的晴隆县。贵州烟叶产业在地理分布上的广泛性，同时也表明了产业覆盖的深入程度，涉及众多县、乡、镇，形成了较为庞大的烟叶种植与生产网络。

2. 产业集中度

贵州的烟叶产业集中度较高，尤其体现在特定县（市）的集中种植上。数据显示，年产烟叶超过 5 万担的种烟县达到 34 个，年产 1 万担以上的种烟乡（镇）则有 161 个，千亩以上的种烟村达到 545 个。这反映出贵州烟叶产业的区域优势，即通过特定区域的集约化种植，形成规模化效应，提高了生产效率和产业竞争力。集中化的生产结构不仅有助于优化资源配置，还提高了烟叶的质量控制和标准化水平，特别是在大型种烟区域内，烟叶质量一致性和生产成本的管控更为有力（图 4-2）。

---

① 1 担 =50 千克，15 亩 =1 公顷。全书同。

黔西南州白碗窑岔米烟区产业综合体　　遵义市播州区枫香镇花茂村红岗粮烟轮作示范基地

图 4-2　高标准烤烟示范基地

3. 区域分布与种植结构

贵州烟叶产业的区域分布，依托其独特的地理和气候条件，得益于高原山地的地势和亚热带湿润气候，贵州的烟叶种植区域广泛且高度适应烟草的生长需求。具体的分布格局体现了自然资源与产业的结合，各县（区）根据自身的气候、土壤条件，选择适合的烟草品种和栽培模式，进一步推动了烟叶生产的规模化与专业化。同时，部分重点种烟地区还通过推行现代化农业技术，提升了烟叶的生产效率和质量，推动了该产业的持续发展。

贵州烟叶产业的规模化、集中化发展，不仅为当地经济做出了重要贡献，还在主管部门的指导下，成为全国卷烟工业原料供应的重要基地。通过稳定的生产与供应，贵州烟叶为众多国内外知名卷烟品牌提供了原料保障。这一产业布局不仅为当地农民创造了就业机会和收入来源，也通过规模化、集约化的生产模式，推动了现代烟草农业的发展，提升了整体产业效益。

（二）贵州烟叶香型划分及分布

贵州是中国烟叶生产的重要基地，主要生产两大香型烟叶——清甜香型和蜜甜香型，构成了其主要的生产结构。这两种香型的烟叶广泛应用于卷烟生产，展现出各自独特的香气和风味，满足不同品牌的卷烟配方需求。

清甜香型烟叶具有"甜、香、柔"的独特品质，特别适合香气清新、口感柔和的卷烟品牌。烟叶的香气透发性好，留香持久，常用于调配高端卷烟产品，帮助提升卷烟的整体口感与香气层次。品质特征表现为甜香柔和、香气温润，尤其适用于打造清香型卷烟的基础原料。外观色泽金黄，油润光滑，富有质感。这种外观特征不仅提升了卷烟的视觉品质，也进一步增强了其燃烧性和吸食体验。蜜甜香型烟叶具有"蜜、融、净"的特性，因其浓郁的香气和醇厚的口感而著称，适用于强调烟叶香气饱满、口感圆润的卷烟配方。蜜甜香型在调香和促香方面发挥着重要作用，是许多高端卷烟品牌的重要组成部分。品质特征以蜜香为主，香气醇厚，能够与其他香型烟叶调和，带来更加浓郁、饱满的口感。外观色泽金黄鲜亮，油润光滑，表面如丝绸般细腻。贵州烟叶的高品质不仅体现在外观上，还展现出优秀的燃烧性和持香性。在许多高端卷烟品牌的配方中，这类烟叶通常被用作基础原料，或者作为调味烟叶提升卷烟的香气层次。例如，清甜香型烟叶能够增加卷烟的透发性和回甘效果，而蜜甜香型烟叶则能够增强卷烟的浓郁感和香甜感，满足不同消费群体的口味偏好。

1. 清甜香型烟区分布

清甜香型烟叶的规模为175万担，主要分布在贵州的西北部和部分高海拔地区。这类烟叶以清爽的香气和柔和的口感为特点，适用于一些注重清新香气和淡雅风味的卷烟品牌。清甜香型烟叶的代表产区如下。

黔西南州：该地区作为清甜香型烟叶的重要产区，具有海拔较高、气候凉爽的自然条件，特别适合生产清香型烟叶。这些烟叶以香气透发好、燃烧性能佳为特征，广受卷烟工业企业的青睐。

六盘水市：该地区的烟叶种植集中在高海拔区域，烟叶香气清新，燃烧性良好，适合与其他香型烟叶进行配方调配，增加卷烟的层次感。

毕节市：毕节市高海拔、昼夜温差大的气候条件，有助于清甜香型烟叶的香气积累，尤其是威宁彝族回族苗族自治县、赫章县和纳雍县等地的烟叶，因其优越的自然条件，生产的烟叶品质稳定，满足卷烟工业对清甜香的需求。

2. 蜜甜香型烟区分布

蜜甜香型烟叶的规模达到了260.62万担，主要分布在贵州的中部和东部低海拔区域。这类烟叶香气醇厚，甜味浓郁，广泛应用于一些高端卷烟品牌，能够提升卷烟的甜润感和持久香气。蜜甜香型烟叶的主要产区如下。

遵义市：该地区是贵州蜜甜香型烟叶的核心产区之一，尤其是在赤水河流域，得天独厚的气候条件赋予了烟叶独特的蜜甜香气，成为多家高端卷烟品牌的重要原料基地。

黔南州：该地区的气候条件湿润温和，利于蜜甜香型烟叶的香气物质积累，烟叶以柔和醇厚的香气和良好的燃烧性闻名，是卷烟工业企业的重要供应源。

铜仁市、黔东南州：这些地区的烟叶因地理环境和气候条件的差异，展现出层次分明的香气特征，蜜甜香型烟叶在这里的生产稳定且质量上乘，常用于一些高端卷烟品牌的核心配方中。

贵阳市、安顺市：作为次要产区，这些地区的蜜甜香型烟叶也在一些卷烟配方中扮演重要角色，烟叶以其醇厚的香气和优良的加工性能在市场上具有一定的竞争力。

三、贵州烟叶质量特征

（一）外观质量特征

贵州烟叶近年来的外观质量表现出显著的优势，得到了工业企业的广泛认可。

1. 成熟度好

贵州烟叶的成熟度是其外观质量的关键指标。成熟的烟叶颜色鲜亮，富有光泽，且厚度适中，展示了较高的产品一致性。这一特点是科学种植管理、合理的采收时间以及对种植区域气候条件的精准把控的结果。通过控制烟叶的生长周期，确保叶片在最佳成熟期进行采收，有效提升了烟叶的质量（图4-3）。

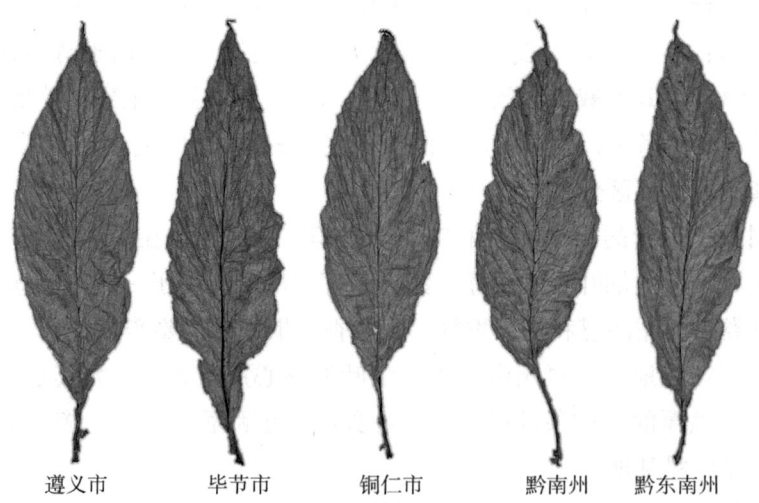

图 4-3　贵州烟叶外观质量特征

2. 结构疏松

贵州烟叶的叶片组织较为疏松，富有层次感，尤其是在卷烟燃烧过程中，有助于提高透气性和燃烧效率。叶片的疏松结构使得烟叶在加工过程中更加适合卷烟制造企业的需求，尤其在不同卷烟品牌的调配中，贵州烟叶能够有效提升卷烟的燃烧性和香气释放效果。

3. 叶面组织细腻

细腻的叶面组织是贵州烟叶区别于其他产区烟叶的重要特征之一。贵州烟叶的叶面柔滑，质地细腻，这与当地的气候条件和独特的土壤结构密切相关。贵州山地的高海拔、湿润的气候环境为烟叶提供了丰富的养分，使叶片在生长过程中纤维分布均匀，叶面纹路清晰细致，体现出较高的品质。

4. 质地柔软

质地柔软是贵州烟叶的另一显著特点。柔软的烟叶在卷烟制造过程中易于加工，能够被均匀地卷制成烟丝，且保持了烟叶的韧性，不易破损。这种柔软的质地使得贵州烟叶不仅在生产加工环节具有较高的可操作性，还能在卷烟燃烧过程中保持良好的燃烧性和稳定性。

5. 光泽鲜亮、油润感强

贵州烟叶在色泽上呈现出金黄或淡褐色的亮丽外观，表面富有光泽，尤其是其叶片散发出的油润感更是增强了视觉上的吸引力。工业企业评价贵州烟叶时，多次提及其表面光泽度和油润性，这不仅是外观质量的体现，更是烟叶内在品质的物理表现。光泽鲜亮的烟叶通常意味着其含水量适中、养分充足，具有较高的经济价值与市场竞争力。

（二）外观优点

贵州烟叶的外观优点尤为突出，尤其体现在叶面干净、颜色纯正度高、杂色和微带青比例低等方面。这些优点进一步增强了贵州烟叶在卷烟工业企业中的吸引力。

1. 叶面干净

贵州烟叶的叶面通常非常干净，几乎没有灰尘、污垢或杂质残留。这与贵州烟叶的种植环境和精细化管理息息相关。贵州独特的山地气候、适宜的海拔和丰富的降水条件，为烟叶的生长提供了优质的环境。烟草种植过程中，烟农们会严格控制土壤条件和田间管理，减少烟叶表面的杂质附着。这种清洁的叶面不仅在视觉上表现优异，更提升了烟叶的加工品质和卷烟的最终质量。

2. 颜色纯正度高

贵州烟叶以其鲜亮、纯正的颜色著称。成熟的烟叶呈现出均匀的金黄色或淡褐色，叶片色泽亮丽，表面光滑。这种颜色的纯正度不仅是外观上的美观，还反映了烟叶的成熟度和内部化学成分的稳定性。颜色纯正的烟叶通常代表着其品质较高，能够在卷烟中提供更均匀的燃烧效果以及更醇厚的香气。这对于高端卷烟品牌尤为重要，因为颜色纯正的烟叶能够提升卷烟的整体档次和市场竞争力。

3. 杂色和微带青比例显著降低

杂色和微带青是烟叶外观缺陷中的两个重要指标，通常会影响烟叶的外观质量和工业应用效果。全国烟叶的平均杂色比例为1.32%，而贵州烟叶的杂色比例显著低于全国平均值，仅为0.56%；微带青的全国平均比例为1.42%，贵州的比例则为1.32%。这种显著的降低体现了贵州在烟叶种植、管理和加工环节上的技术优化。贵州烟叶的杂色和微带青比例较低，意味着烟叶的色泽更加纯正统一，符合卷烟工业企业对烟叶外观和品质的严格要求（图4-4）。

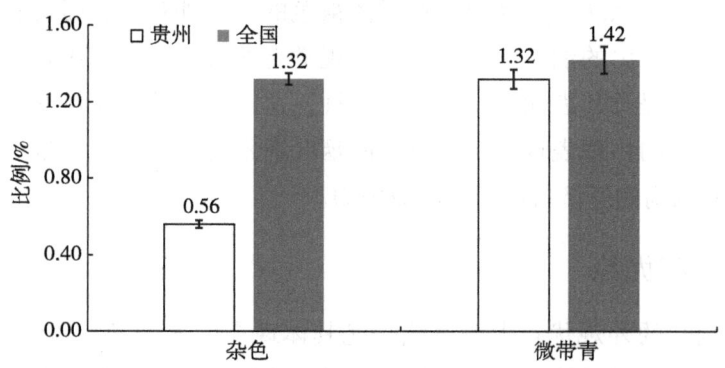

图4-4 全国和贵州烟叶杂色和微带青比例

（三）感官质量

1. 烟香纯正

贵州烟叶的香气纯正无杂质，主要体现在烤烟的天然烟香上。这种纯正的烟香带有独特的地域特征，尤其是清甜香型和蜜甜香型烟叶，能够提供丰富的香气层次感。其烟香具有细腻的质感，没有任何异味或杂质气息。

纯正的烟香在卷烟燃烧过程中能够持续释放，提升了卷烟产品的香气稳定性。

2. 突出香韵

贵州烟叶的香韵特色明显，尤其以蜜甜香和清甜香为代表，兼具干草香的天然韵味。清甜香型烟叶带有清新甜美的味道，燃烧后香气轻盈柔和，具有持久的留香效果；而蜜甜香型则带有自然的甜美芳香，香气厚重且柔和。这些香韵不仅满足了高端卷烟品牌对香气的高标准要求，还能够为卷烟产品带来独特的市场竞争力。

3. 香气量充足、细腻

贵州烟叶的香气量丰富且细腻，尤其是燃烧过程中香气的释放非常均衡。贵州烟叶因其优质的生长环境和科学的种植管理，其香气物质能够均匀分布在叶片内部，确保香气释放的持久性和一致性。在卷烟生产中，充足的香气量能提升卷烟的整体品质，带给消费者更加丰富的感官体验。

4. 烟气绵柔、持续性好

贵州烟叶的烟气表现非常绵柔，吸入时不刺激喉咙，并且具有很好的延展性。这种绵柔的烟气不仅使吸烟者感到舒适，还延长了烟气的持续时间，增强了卷烟的品质感和高级感。绵柔的烟气对于减少卷烟的刺激性和提升吸食体验至关重要。

5. 杂气少、刺激小、余味舒适

贵州烟叶具有杂气少、刺激小的优点，表明其在燃烧过程中不产生明显的刺鼻气味和不适感。特别是在深加工和复烤环节中，贵州烟叶经过科学的工艺处理，去除了大部分影响烟气纯度的杂质，确保了余味纯净、舒适。对于高端卷烟消费者来说，这种余味的舒适感能够显著提高消费体验，增加对卷烟品牌的忠诚度。

（四）化学协调性

贵州烟叶在化学成分的协调性上展现出显著优势，尤其是在关键指标的稳定性和一致性方面，为卷烟生产提供了优质原料保障。贵州中部烟叶的烟碱含量维持在（2.2±0.2）%，确保了卷烟的"烟劲"适中，既能满足香气和刺激性的需求，又不会带来过度刺激感。此外，（27±2）%的还原糖含量使烟叶在燃烧时释放出柔和的甜味，提升了吸烟时的舒适度和烟气的顺滑感。钾含量稳定在（1.9±0.1）%，不仅改善了烟叶的燃烧性能，还减少了杂气的产生，使卷烟燃烧均匀，吸食体验更加流畅。贵州烟叶的糖碱比为13.4±1.7，较为平衡的糖分与烟碱比例确保了烟气的醇和度，香气浓郁且烟气柔和，刺激性小。整体而言，贵州烟叶的化学成分波动较小，呈现出高度的协调性，2017—2021年，这些关键指标始终保持稳定，确保了其在卷烟配方中的一致性与适应性，特别是在高端卷烟品牌中，贵州烟叶通过其优异的化学特性，成为不可或缺的重要原料（表4-1）。

表4-1 贵州烟叶化学成分

年份	化学成分			
	烟碱/%	还原糖/%	钾/%	糖碱比
2017	2.33	27.12	2.02	12.77
2018	2.21	26.33	1.88	12.75
2019	2.04	28.80	1.90	15.10
2020	2.02	26.88	1.84	13.79
2021	2.39	29.02	1.87	12.47

四、贵州烟叶基地单元建设现状

2023年贵州烟叶基地单元建设表现出高度的区域化和结构化分布。在全国范围内，贵州是拥有最多烟叶基地单元的省份，共计15个，其次是湖南13个，上海7个，江苏6个，其他省份如安徽、云南、河南、浙江、山东等，数量逐步减少（图4-5）。贵州烟叶的基地单元也显示出较强的集中性和区域差异性，毕节市和遵义市占据主导地位，分别拥有21个和20个基地单元。这两个市的烟叶种植面积和生产规模较大，成为贵州的主要烟叶生产区域，确保了贵州烟叶的生产供应能力。黔西南州有10个基地单元，气候条件也较为适合烟叶种植，尤其适合蜜甜香型烟叶生长。铜仁市有5个基地单元，六盘水市有4个基地单元，黔东南州和黔南州各有2个基地单元，贵阳市仅有1个基地单元。这种分布结构体现了贵州不同区域在气候、土壤资源等烟叶种植条件方面的差异，以及烟草产业布局的战略性调整（图4-6）。

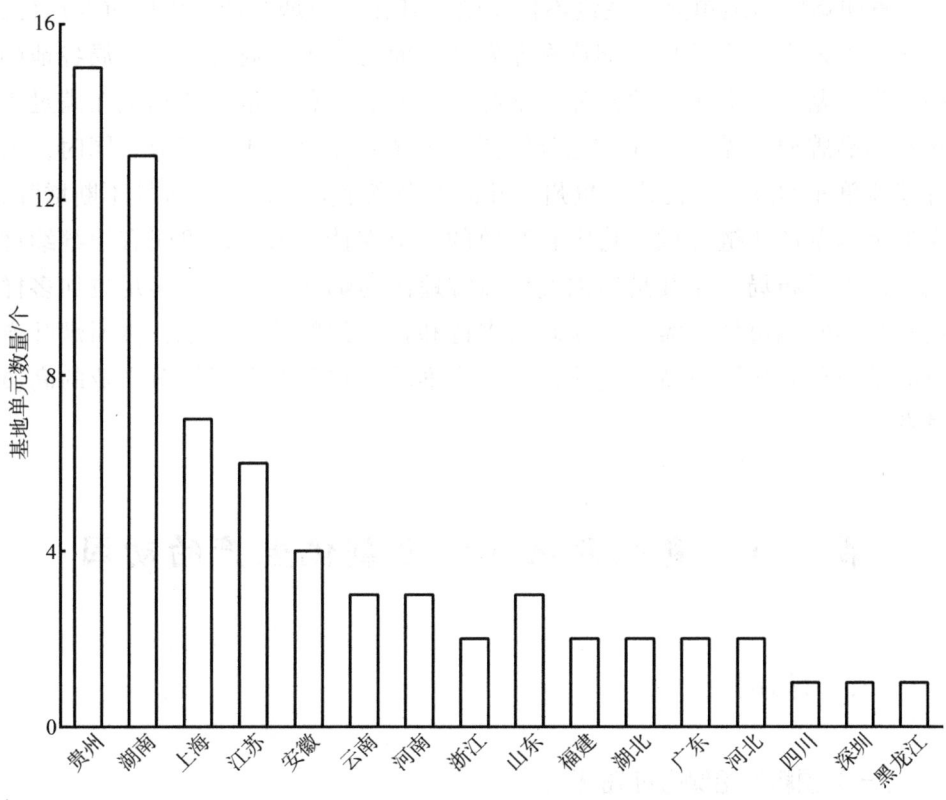

图 4-5 2023 年全国烟叶基地单元数量分布

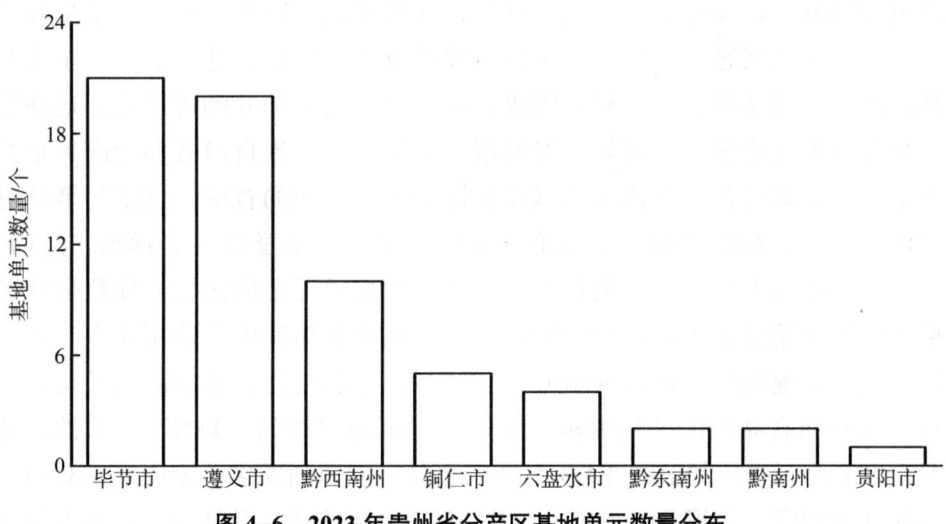

图 4-6 2023 年贵州省分产区基地单元数量分布

贵州烟叶基地单元的建设不仅反映了其在全国烟草产业中的重要地位，也显示了该省在推动现代烟草农业发展方面的成果。通过合理布局各地的烟叶生产基地，贵州有效保障了烟叶供给的数量和质量，特别是在满足不同卷烟品牌原料需求方面，充分发挥了区域差异化的生产优势。同时，随着基地单元的进一步优化，贵州烟叶的综合竞争力和市场适应性不断增强，为整个烟草产业链提供了稳定且高效的原料支持。未来，贵州有望继续优化基地单元布局，尤其是增加气候适宜地区的烟叶产量，以满足更加多样化和高端卷烟市场的需求。在政策支持和技术创新的推动下，贵州烟叶产业的基地单元建设将持续优化，进一步推动全省乃至全国烟草产业的高质量发展。

第二节　贵州开展烟叶定制化生产的动因

一、供给端

（一）原料供给侧存在短板

在过去的烟叶原料供给过程中，部分烟叶产区未能充分关注烟叶内在质量的提升，过度追求数量上的满足，导致了供需匹配不精确，质量和风味上不匹配的问题。部分产区未能有效执行技术标准，忽视了工业企业对高品质、高端品牌原料的具体需求，这不仅影响了烟叶的可用性，还降低了烟叶的市场竞争力。例如，安顺市紫云苗族布依族自治县和黔南贵定县两个产区的烟叶曾因其优质的风味而深受工业企业的青睐，贵定县烟叶更是因其"金黄粉底色鲜亮、油润光滑细如绸"的美誉而声名远扬。然而，这些产区在追求产量增长的过程中忽视了对技术标准的执行，导致烟叶风格的弱化和质量的下降，最终影响了烟叶在高端品牌中的使用需求。这一问题突出表现在这些区域的烟叶缺乏统一性和稳定性，难以满足工业企业对一致性和高品质的严格要求。此外，在湖南中烟的"4+N"技术推广初期，多个产区选出的 BFF/BFO 烟叶的质量未能达到要求，未能满足高端卷烟配方的标准。尽管 BFF/BFO 烟叶在湖南中烟的高端卷烟中一直占据重要地位，但产区在品种选育、栽培技术等方面的不足，导致烟叶的生产质量难以满足品牌需求，直接影响了工业企业对烟叶的使用需求与供给之间的匹配度。

遵义市湄潭县基地单元也面临着类似的困难。尽管上海烟草集团有限责任公司（简称"上烟集团"）希望在湄潭县的基地单元多选"熊猫"香烟原料，但由于单元供给能力不足，难以满足单等级原料定制的需求。随着高端品牌对烟叶风味、质量的一致性和可用性要求不断提高，像湄潭县基地这样的区域在满足工业企业原料需求方面面临着严峻的挑战。原本计划用于高端卷烟品牌配方的烟叶，无法严格按照工业企业的定制需求进行生产和供给，导致了供需不平衡、质量不稳定等问题。在这些问题的背后，核心问题仍然是烟叶定制化生产体系的不完善，尤其是在高端品牌原料的个性化需求上，许多烟叶产区的生产未能与工业企业的实际需求对接。为了有效解决这一问题，烟叶定制化生产成为必不可少的解决方案。通过烟叶定制化生产模式，能够精准识别并满足工业企业的原料需求，尤其是在高端品牌和品规上的个性化需求，确保烟叶的质量、风味、可用性以及一致性，从而实现原料供需的精准匹配，提高品牌的生产效率，增强烟叶原料的市场竞争力。

针对当前烟叶原料供给中的这些问题，迫切需要建立完善的烟叶定制化生产体系。通过从需求识别、技术标准实施到供应链管理的全程管控，不仅能解决高端品牌的原料需求问题，还能为烟叶产业的长远发展奠定基础，提升烟叶生产的整体质量与效率。

（二）原料需求侧个性化差异明显

在烟叶原料供给过程中，不同工业企业对原料的个性化需求差异性较大，这使得同一技术方案或生产模式难以满足所有客户的需求。例如，江苏中烟和河南中烟分别在毕节市大方县调拨烟叶时，虽然都需要烟叶，但各自的原料需求却存在显著差异。江苏中烟对烟叶的需求特点是要求适熟采烤，并突出蜜甜风格的烟叶，而河南中烟则更偏好高熟高香的烟叶。若使用统一的生产方案，显然不能同时满足这两家企业的需求。因此，为了更好地服务不同工业企业的需求，必须针对各自的原料需求特点，定制不同的技术方案和生产模式，实施差异化的烟叶定制化生产。类似的情况也出现在其他工业企业的需求上。例如，河南中烟曾经对贵州中东部地区的烟叶需求较为旺盛，但供给的匹配度不高，导致最终不得不调整其调拨区域。这表明，如果不依据工业企业的具体需求进行精确的技术优化和生产定制，就很难保障烟叶供应的质量和一致性，甚至可能影响品牌的生产进度和产品质量。又如，安徽中烟在黔西南兴义市开发高成熟上部烟叶时，面临着湖南中烟对该区域烟叶风格的严格要求。湖南中烟要求在该区域保持适熟早采的采收方式，以便更好地展现区域烟叶的清香型风格，而安徽中烟则更倾向于高成熟的烟叶。这种需求上的差异也要求产区根据不同的工业企业需求对技术方案进行优化，确保每方的需求都能够得到满足。

通过这些实例可以看出，烟叶生产的定制化需要更加精准地识别和理解工业企业的个性化需求，进而为其量身定制合适的技术和管理方案。无论是针对风味、香型的调整，还是针对采收方式、成熟度的控制，烟叶定制化生产都要求产区能够灵活应对和调整，以满足不同工业企业的需求。定制化生产不仅要考虑单一客户的需求，更要兼顾多方客户的特点，做到技术方案的灵活性和精准度，以提升原料供给的匹配度和质量，确保烟叶的可用性和市场竞争力。烟叶定制化生产的核心在于根据工业企业的个性化需求，灵活优化技术方案，实施差异化生产，提升供给的精准度和高效性。这不仅有助于提升烟叶原料的质量，还能增强产区与工业企业之间的合作关系，确保双方的需求能够实现最优匹配。

（三）单一需求主体存在多元需求

贵州中烟作为贵州省内最大、覆盖范围最广的烟叶调拨企业，承担着为"贵烟"品牌提供核心原料的重任。贵州独特的自然环境，涵盖了多种生态区，为烟叶的生长提供了丰富的资源。这些自然条件造就了各个地区烟叶的风味和香型特色，而贵州中烟则依托这些多样的生态资源，满足"贵烟"品牌在风格和质量上的多样化需求。在这种背景下，不同区域的烟叶原料需求，尤其是对大规模调拨的工业客户，呈现出个性化和差异化的特点。贵州中烟对六盘水市盘州市、毕节市威宁彝族回族苗族自治县、黔西南安龙县等地烟叶的需求，主要侧重于清香型风格的突出。这些地区的气候和土壤条件特别适合培育具有清香特征的烟叶，这种风味在"贵烟"品牌的特定品规中占据了重要地位。与此同时，贵州中烟对黔南摆金镇、铜仁市松桃苗族自治县、黔东南州天柱县等地烟叶的需求则偏向于高成熟上部烟叶，这些烟叶的成熟度较高，质地更加坚韧，香气浓郁，适合用在一些高端系列的卷烟中。对于遵义市仁怀市的烟叶，贵州中烟特别强调突出该地区特有的生态风味，仁怀市的烟叶具有独特的土壤和气候条件，能够为卷烟品牌提供独特的风味组合，深受消费者喜爱。随着"贵烟"品牌的持续发展和产品系列的扩展，贵州中烟逐渐形成了针对各地烟叶的特定需求模式。对于每个区域的烟叶，贵州中烟根据其风格特性和需求的变化，确定了具体的烟叶原料配方。这些配方模块逐渐成为"贵烟"品牌固定的产品配方，并要求产区按年度、按区域稳定提供符合要求的烟叶原料。

为了保证这些区域的烟叶风格、质量的年度稳定性和区域一致性，烟叶定制化生产开发显得尤为关键。通过定制化生产，贵州中烟能够更加精确地掌握每个区域的生态特点和烟叶风味要求，确保每年收购的烟叶都能严格符合品牌的高质量标准。定制化生产不仅帮助贵州中烟实现了对不同地区风味需求的精准对接，还能够通过先进的技术手段调控生产过程，优化栽培、管理、采收等环节，最大限度地保持烟叶的风味稳定性。在实践中，烟叶定制化生产将更多依赖现代农业技术，如智能化控制、精准施肥、科学采收等，确保每一片烟叶的生产都能严格遵循目标需求的标准。这不仅保障了"贵烟"品牌的质量稳定性，还能够有效地提升贵州烟叶的市场竞争力，实现工业企业与产区的长期稳定合作。因此，随着定制化生产技术的不断深化和完善，贵州中烟有望进一步提升其对"贵烟"品牌的原料供给能力，增强品牌的市场占有率，同时也为贵州烟叶产业的高质量发展提供了有力支撑。

（四）产业振兴需要高水平供需协同

贵州作为我国的传统农业大省，长期以来依赖于烤烟产业作为支柱产业之一。然而，由于地理、经济等因素，贵州的整体发展水平相对较低，产业基础薄弱。随着脱贫攻坚任务的成功推进，贵州依然面临着巩固脱贫成果、助力乡村全面振兴的重大挑战。在这一背景下，烤烟产业作为贵州的传统优势产业，扮演了关键的角色。烤烟不仅为农村经济提供了稳定的收入来源，而且由于其规模效应，成为助农增收的"压舱石"和"稳定器"，在地方经济、社会发展以及扶贫工作中占据了至关重要的地位。

贵州高度重视烤烟产业的可持续发展，频繁开展调研并出台了一系列政策，力图推动烟叶产业的振兴。在烤烟产业发展的早期阶段，通过政策支持和资金投入为产业发展提供了有力保障。然而近年来，随着行业对烟叶生产规模的严格管控，贵州的烟叶种植面积和产量出现了较大幅度的下滑，导致产业的影响力减弱，供应链面临一定的挑战。这种规模萎缩的趋势，虽然有助于调整行业结构，但却影响了贵州在全国烟叶市场中的竞争力。在这一背景下，如何通过提升烟叶的供给能力来恢复和壮大贵州的烟叶产业，已成为当务之急。为了打破现有瓶颈，贵州的烟叶产业亟须通过创新性措施，进一步提升生产质量和供给稳定性，满足卷烟工业对高端、个性化原料的需求。烟叶定制化生产的推广，将成为推动这一目标实现的关键路径。通过深化与东南沿海地区重点工业企业（如广东、湖南、湖北、江苏、上海、福建等）的合作，贵州不仅可以提升烟叶生产的供给能力，还能够通过与中东部制造强省的合作，实现产业链与供应链的协同发展。这种"贵州基地＋中东部制造"和"贵州特色原料＋中东部优势品牌"的合作模式，能够有效结合贵州独特的生态资源优势和中东部地区工业制造优势，在提升贵州烟叶质量的同时，也能带动地方经济发展，推动产业的高质量发展。此外，这一合作模式符合国家政策的导向。《国务院关于支持贵州在新时代西部大开发上闯新路的意见》明确提出，要通过推动农产品加工业与地方产业相结合，增强产业链韧性与安全性。贵州烟叶定制化生产的深化，不仅能够进一步优化产业结构，提升产业附加值，还能够强化贵州在全国烟草产业中的重要地位，助力稳定农业现代化建设。这种跨区域、跨产业的协同合作模式，将有助于整合产业资源，提升产业的整体竞争力和市场适应性，推动贵州烟叶产业在全国烟草产业链中实现新一轮的增长与突破。通过加强烟叶定制化生产的技术研发和管理创新，贵州能够提升烟叶原料的质量与稳定性，使其更好地适应工业企业对高端卷烟原料的需求，满足不同品牌、不同品规的个性化需求。这一发展模式将不仅为贵州的烟农提供更稳定的收入来源，还将促进全省农业现代化进程，进一步助力贵州在新时代乡村振兴战略中取得更为显著的成效。

二、需求端

贵州烟叶定制化生产的需求驱动主要来源于卷烟工业企业的特殊需求，既要保证原料供应的稳定性，又要灵活应对市场变化与品牌扩张的挑战。需求端的定制化生产可以通过以下4个方面提升烟叶供给能力（图4-7）。

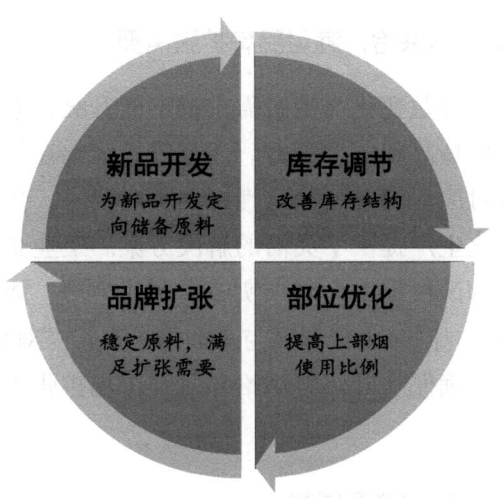

图 4-7 开展烟叶定制化生产的需求端动因

（一）改善烟叶库存结构

传统"粗放式"烟叶调拨容易导致烟叶原料利用率低、仓储成本高。通过实施定制化生产，工业企业根据自身卷烟品牌需求，与烟区确定烟叶种植品种、规模、区域，以及配套种植技术，对定制化生产的烟叶实行单收、单存、单调。通过需求端反向驱动供应链，不仅能够优化烟叶库存结构，降低仓储和调拨成本，更能将烟叶原料转化为品牌竞争力的核心要素，为烟草产业高质量发展提供有力支撑。

（二）提高上部烟叶使用比例

长期以来，在中式卷烟中，上部烟叶因烟碱偏高问题导致使用比例偏低，这与烟叶生产供给中上部烟叶比例偏高的情况反差较大，一定程度上加剧了卷烟工业企业烟叶原料库存和需求的结构性矛盾。近年来，通过工商协同开展高可用性上部烟叶定制化开发生产，可有效改善上部烟叶原料的内在品质，提升上部烟叶的可用性，提高上部烟叶的使用比例，从而有效缓解烟叶原料供需矛盾，提高烟叶原料供需匹配度。这一路径成为更多工商企业携手合作提高烟叶原料供给水平的重要抓手和发展方向，并成为烟草行业烟叶工作的重要内容之一。

（三）稳定烟叶原料供给，满足品牌扩张需要

随着卷烟市场的日益变化与消费需求的不断升级，卷烟企业不断开发新品以拓展市场，并保持品牌的竞争力。而品牌扩张往往伴随着市场份额和产品系列的扩展，这对原料供应的稳定性提出更高要求。传统的烟叶供应模式难以应对，而定制化生产提供了灵活的解决方案。工业企业根据品牌扩张需要提出具体需求，烟区根据工业需求实施定制化生产，能够有效保障供给烟叶的一致性和高品质。同时由于烟区与工业需求直接"对话"，因此对需求的响应速度较快，能够确保烟叶原料供给与品牌市场扩张步调一致，有效支撑品牌长期发展战略。

（四）为新品开发定向储备原料

卷烟市场的竞争日益激烈，产品创新成为提升卷烟品牌竞争力的核心要素。新品卷烟开发往往对烟叶原料风味和品质提出了更高要求，实施烟叶定制化生产能够满足工业企业基于新品开发指标而提出的个性化烟叶需求，烟区针对需求快速、精准响应，确保个性化烟叶原料供应充足且符合要求，从而加快卷烟新品研发速度，缩短从概念到市场推广的周期，帮助工业企业在激烈的市场竞争中实现产品差异化和精准定位，赢得更多消费者认可。

第三节　贵州烟叶定制化生产情况

一、烟叶生产模式发展演进

烟叶定制化生产是在大规模生产的基础上发展起来的客户化定制模式，经历了多个发展阶段，每一阶段的演变都伴随着市场需求、生产理念和技术手段的变化。从最初的计划订单供应模式，到工商合作建设原料"第一车间"，再到基地单元规模化生产，直到今天基于卷烟品牌原料需求的烟叶定制生产，这一过程的变化，反映了烟叶生产方式从单纯数量供给向高质量、精准定制的转型。

在最初的计划订单供应模式中，烟叶生产主要依赖国家计划，注重满足基本市场需求。生产重点是规模化和数量化，烟叶生产商通常依据国家或地

方的订单计划进行生产，较少考虑工业企业对于烟叶的细化需求和个性化的质量标准。这一阶段，烟叶生产的主要任务是保证供给的稳定性和满足大规模需求，但风味、香气、烟气等指标的个性化需求并未得到充分关注。随着市场化进程的推进，烟叶生产逐步进入工商合作建设原料"第一车间"的阶段。这一阶段的核心目标是通过企业之间的深度合作，优化烟叶生产源头的质量管控。烟叶质量逐渐成为重中之重，工商合作将生产、加工、质量控制等多个环节紧密结合，建立起了较为科学的管理模式，并通过建立标准化的原料生产车间，确保每批烟叶的质量符合工业企业的需求。这个阶段的定制化生产模式开始逐步兴起，生产不再单纯注重数量的满足，更多地关注如何根据品牌的需求，精准把控烟叶的质量特性。进一步发展进入基地单元规模化生产阶段，烟叶的生产开始更加注重区域化管理。通过对特定基地的规划和管理，确保在规定区域内，烟叶的质量稳定性和可控性得到更好保障。这一阶段，烟叶生产进入规模化和系统化的管理阶段，基地单元成为生产的基本单位，每个基地根据所服务的工业企业需求进行相应的烟叶定制生产。这一阶段的优势在于生产效率的提升和质量标准化管理的完善，从而能够确保大规模生产中每批烟叶的风味和质量稳定。然而，随着卷烟品牌对烟叶质量要求的提升，烟叶定制化生产逐步进入到基于品牌原料需求的阶段。如今，烟叶生产不仅满足工业企业的数量需求，更重要的是根据不同品牌、不同品规对烟叶的特定需求进行精准定制。从香气的浓郁度、烟气的平衡性，到燃烧性的控制、叶片结构的优化，烟叶生产已经进入一个细分化、精细化的阶段。每个品牌、每个品规对烟叶的要求都不同，烟叶生产企业根据客户的个性化需求，精确调整栽培管理、采收标准、烘烤工艺等技术，确保每一批次烟叶都能够完美符合品牌要求。这一转型过程展示了烟叶生产模式从传统的供应侧导向到现代的需求侧导向的转变，生产模式也从简单的大规模生产向更加注重产品差异化和质量控制的方向发展。如今，烟叶定制化生产不仅是一种生产模式，它已经成为提升烟草产业核心竞争力、推动高质量发展的重要手段。通过对工业企业需求的精准识别、技术手段的不断创新以及生产管理的精细化，烟叶定制化生产能够更好地满足市场对于高端原料的需求，同时为烟草产业的可持续发展奠定坚实的基础（图4-8）。

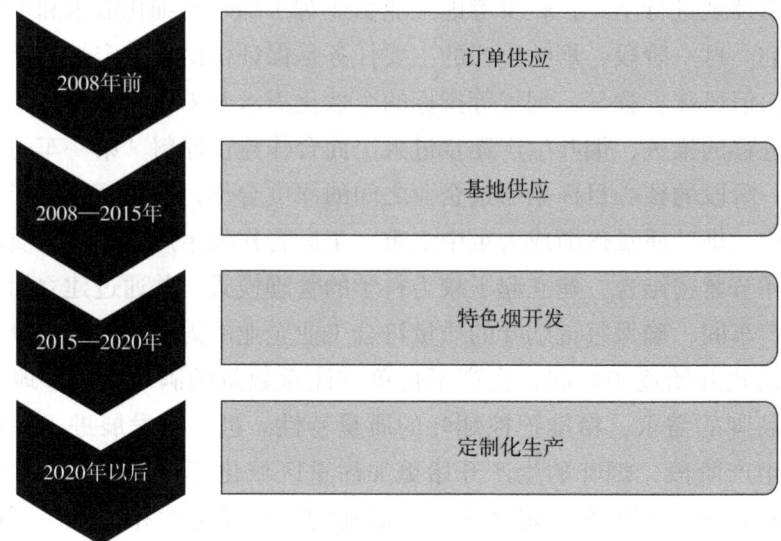

图 4-8　烟叶生产模式发展演进

贵州对烟叶定制化生产的探索由来已久,早在 20 世纪 80 年代初,贵州就与上烟集团建立了原料供应基地,这标志着烟叶原料定制化生产的开端。随着全国现代烟草农业建设的序幕拉开,贵州与上烟集团、湖南中烟、贵州中烟等企业启动了特色优质烟叶单元的建设,积累了定制化生产的初步经验。在"十二五"时期,贵州与湖南中烟合作试点开发了基于湖南中烟卷烟品牌原料需求的"4+1"技术体系探索,后来逐步升级为"4+N"技术体系。到了"十三五"初期,面对贵州烟叶原料供给质量不高的现状,贵州及时提出了烟叶定制化生产的概念,并与上海、江苏、湖南等重点卷烟工业展开了深度合作,共同实施烟叶定制化生产试点,深化了烟叶定制化生产的实践。

2020 年,贵州将烟叶定制化生产纳入年度重点工作,并将其作为助力产业高质量发展、提升烟叶供给能力的重要举措。贵州与更多工业企业展开了更广泛、更深入的合作,实施包括高可用性上部烟叶开发、优质中部上等烟、高成熟度上部烟和特色生态烟叶开发在内的烟叶定制化生产烟叶开发方案。连续 4 年印发的"3+1"行动实施意见,进一步推动了贵州烟叶供给质量的提升。在推动烟叶定制化生产落实过程中,为了更好地统一认识、统一方法、统一步调,全省组建技术管理队伍,坚持走出去和请进来相结合,全面开展烟叶定制化生产交流研讨、理念宣贯、技术培训,实现定制化生产规模大幅增加，定制生产模式不断拓展，原料供给质效稳步提高，工商合作水平不断提升，贵州烟叶原料配方地位有效巩固。贵州率先在全省提出了烟叶定制化生产的理念，4个产区联合3家工业企业，在8个县、9个基地单元开展了烟叶定制化生产，实施面积达15万亩，开发规模达20万担。这一初步尝试取得了工业企业的认可和肯定。

2023年贵州烟叶定制化生产持续快速发展，烟叶定制生产规模有了大幅增长。全省联合了14家工业企业，在9个产区、38个县、42个基地单元开展了烟叶定制化生产，实施面积扩大至60万亩，开发规模更是超过了100万担，占据了全省烟叶种植规模的25%以上。这一发展趋势显示了烟叶定制化生产作为提升烟叶供给质量的重要举措在工业企业中得到了广泛认可。烟叶定制化生产作为"3+1"行动的一部分，已经成为贵州烟叶产业发展的重要策略之一，为烟草产业的可持续发展注入了新的活力。

二、定制化生产探索历程

（一）初步探索与试点阶段（2015—2017年）

2017年之前为初步探索与试点阶段，贵州聚焦省内烟区生态优势、不同工业企业差异化烟叶需求和个性化定制，重视绿色生产技术集成应用、高端烟叶品种培育。在贵定县开展试点生产，以"增有机减无机、增密降氮、平衡营养、有机无机配比协调、绿色防控"为开发路径，按照计划、烟农、烟地、物资、设施要求，划定生态烟叶生产保护区、建立基本烟田永久保护制度、合理轮作、集成实施烟地土壤保育等措施，连片规模化种植，打造小集中、大连片的"珍珠项链式"山地生态烟种植模式，构建贵烟高端原料定制化生态烟叶生产技术体系。强化土壤的保育与改良，采取非烟杂物管控措施，防治烟田面源污染，并调节土壤酸碱度以提高和改善土壤肥力。做好烟地选择、壮苗移栽、密度控制、平衡施肥、打顶留叶、适熟采收、烤软烤香、田间鉴评及"六单"收调关键技术环节，严格执行"单采、单烤、单存、单调"的精细化管理，与工业企业紧密合作，实施"单打、单储"策略，以实现高质量烟叶定制化生产。

（二）技术优化与模式定型阶段（2018—2022年）

2022年为技术优化与模式定型阶段，在试点基础上，紧扣贵州烟叶原料在卷烟品牌配方中的功能定位，以问题为导向，工商研联合对烟区生态条件、气候特点、土壤质地和烟农耕作习惯等开展调查研究，聚焦工业企业利用烟叶过程中存在的问题根源，针对烟叶生产的关键环节开展课题攻关，包括特色烟叶品种推广、土壤保育、平衡施肥、合理密植、优化烟叶结构和适时成熟采摘等，对烟叶生产技术体系进行不断调整和优化，提高烟叶原料开发技术集成水平。通过对比不同技术方案的效果，逐步形成了适合贵州生态条件和烟叶定制化需求的生产技术体系。将生产区域拓展到生态具有"一致性"的云雾镇和龙里县洗马镇、福泉市仙桥乡等地。实现跨区域联合开发，进一步提升了定制化烟叶的生产规模和品质。经过两年的实践探索，贵州烟叶定制化生产技术模式逐渐定型，构建起区域定点、品质定性、技术定型、调拨定向的定制化生产模式。

（三）推广应用与高质量发展阶段（2023年以后）

2023年，烟叶定制生产体系发展进入快速推广应用与高质量发展阶段，在模式定型的基础上，协同贵州中烟、江苏中烟等工业企业在大方县、安龙县等地开展整县推进全收全调定制开发示范，提升西部特色烟叶规模开发水平。在水城、绥阳、纳雍等地开展基地单元定制示范，建设具有贵州特色的单元定制生产经营管理体系。针对不同工业企业提出的烟叶个性化需求，大力开展单等级烟叶开发，形成优质中部上等烟、高成熟度上部烟和贵州特色生态烟生产示范，从而达到服务更多高端卷烟品牌的目的，大大提升贵州生态烟叶原料的柔性供给能力。定制化烟叶在"贵烟（100）""贵烟（国酒香30）"等多个品规中得到使用，贵州更是将品牌导向作为烟叶定制化生产的重要驱动力，通过深入分析市场需求和消费者偏好，定制化生产符合不同卷烟品牌风格特点的烟叶原料。这一举措不仅提升了贵州烟叶的品牌价值和市场竞争力，还促进了烟草产业的转型升级和可持续发展。

第五章　贵州烟叶定制化生产关键环节

第一节　总体思路

贵州烟叶定制化生产的总体思路以"需求驱动、技术支持、动态调整"为核心，围绕"精准识别需求、科学制定方案、严格过程落实、综合评价反馈"四大环节构建全流程管理体系。通过与工业企业的多渠道交流互动，全面掌握其烟叶原料的个性化需求，并将其转化为具体的技术措施和管理要求，形成清晰的实施方案。该方案需明确目标指标、主推技术和管理措施，并通过协同评审机制确保其科学性与可操作性。生产主体根据方案落实技术措施和组织生产，工业企业通过全程参与生产过程，以定期检查、田间鉴评、烟样评吸等形式跟踪方案的落实情况，并对实施效果进行动态评估，确保生产供给与需求的高度契合。

为持续优化定制化生产模式，构建"评估—反馈—改进"的闭环管理机制，通过反馈总结和问题分析，不断完善技术措施和管理模式，逐步形成品牌导向型生产体系。以卷烟品牌原料需求为核心，聚焦供给中的关键问题，每年锁定1～2个短板进行技术改进，实现定制化生产的持续优化和稳步推进。贵州烟叶定制化生产通过品牌导向强化与工业企业的深度协同，推动烟叶产业在高品质、多样化需求方面的高效匹配，显著提升烟叶供给水平和市场竞争力，为产业高质量发展提供有力支撑。

第二节　基本原则

一、坚持需求导向

始终以工业企业卷烟品牌的原料需求为核心驱动力，通过调研交流、方案设计和生产实施，精准对接工业企业的个性化需求，形成以需求为牵引的供给体系。在生产组织过程中，将工业企业的需求从宏观到微观全面细化为具体的技术指标和管理措施，确保各环节工作紧密围绕需求展开，推动烟叶供给与工业企业需求实现高度匹配。

坚持需求导向的核心在于动态掌握工业企业的原料需求变化，及时调整供给策略。一方面，通过征询函件、调研座谈、数据分析等方式，充分了解工业企业在品种选择、质量要求、风格特色及调拨结构等方面的具体需求，确保烟叶定制化生产以精准的需求识别为基础；另一方面，以工业企业的反馈为依据，通过定期评估和动态调整，解决生产与需求之间的偏差，不断优化生产模式与技术方案，确保定制化生产成果能够适应市场竞争和消费需求的变化趋势。此外，在实践中注重以需求为目标倒逼技术创新，通过技术手段推动养分高效利用、烟叶风格的精准调整和品质的稳定提升。同时，强化需求导向的反馈机制，建立与工业企业的多渠道沟通网络，确保信息流通高效、精准。通过这一系列举措，推动烟叶定制化生产在深度满足工业企业个性化需求的基础上，构建更具竞争力和适应性的供给体系。

二、坚持工商协同

在烟叶定制化生产中，工业是需求的提出者，而商业是供给的执行者，二者缺一不可，必须通过紧密协同来实现定制化生产的高效实施。工业企业作为卷烟生产的核心主体，其对烟叶原料的品质、风格、功能性要求直接决定了定制化生产的方向；商业企业作为烟叶生产的组织者与实施者，需要通过科学管理和技术措施，精准满足工业企业的个性化需求。因此，只有在工业与商业之间建立协同合作机制，才能真正发挥烟叶定制化生产的价值与优势。

（一）建立畅通的沟通渠道和机制

通过定期召开工商座谈会、深入开展实地调研、实施线上线下交流等方式，商业企业能够充分了解工业企业在品种选择、质量标准、调拨需求和库存动态等方面的具体信息，工业企业紧密参与烟叶生产的方案制定、技术指导和生产过程监督等工作，确保定制化生产集成技术落实落地，生产出的烟叶符合工业个性化需求。工业企业与商业企业紧密合作，以市场为导向，烟叶供需双侧发力，构建工商互动紧密、运行机制顺畅、原料保障有力的新格局，不断增强贵州山地生态烟叶的原料保障力、产品竞争力和品牌影响力。

（二）促进技术与管理的深度融合

以烟叶高质量发展为目标，工业企业将其对原料使用中的痛点、需求以及原料库存动态反馈给商业企业，工商紧密合作，促进烟叶生产技术与管理手段的深度融合，因地制宜制定生态烟叶开发方案，提升烟叶生产技术集成水平，推动烟叶收调革新，分级分类开展烟叶定制化生产试点，推动烟叶供给质量和效率的提升。例如，工业企业参与田间生产管理、技术方案的优化中，不仅能为定制化生产提供指导，还能通过反馈和评估，帮助商业企业更好地识别问题、解决问题，最终实现高效的技术集成和供需精准对接。

（三）建立评价与反馈机制

工业企业通过烟叶质量评估报告、田间鉴评、烟样评吸等形式，对定制化生产的实施效果进行全程跟踪和客观评价，工商合作，不断总结定制生产经验，完善生产体系，分级分类推广烟叶定制化开发模式，打造农、工、商利益共同体，三方同向发力，实现良性互动。商业企业根据工业企业的反馈意见，及时调整生产技术方案，持续优化供给能力。通过这一动态协作机制，确保烟叶定制化生产能够逐步提升品牌导向型供给能力，真正实现以需求为核心的高效供给。

三、坚持重点突出

烟叶定制化生产的核心在于通过聚焦关键问题短板，实现供需精准对接。因此，定制化生产必须以问题为导向，重点突破供给过程中的薄弱环节，找准关键技术管理改进措施，才能形成具有针对性和实际可操作性的生产方案，更好地满足工业企业的个性化需求。

（一）精准识别问题

通过透彻分析烟叶供给质量反馈、烟叶调拨情况等，系统梳理烟叶供给中的关键短板。重点关注工业企业对原料在品种、风格、质量等方面的核心需求，以及供给环节中存在的质量不均、风格不稳定等问题，以明确改进的核心方向。

（二）强化技术措施应用

通过精准识别问题短板，针对性地制定切实可行的技术措施，重点关注烟叶品质提升和供给效率优化。例如，针对部分烟叶烟碱含量过高的问题，可优化配套种植技术，并引入精细化田间管理措施，确保烟叶生产全过程可控。

（三）优化管理流程

为了更好地适应烟叶定制化生产的需求，实现精准供给和高效管理，需要从整体流程上进行梳理和优化，明确关键环节，细化每个生产节点的管理内容。通过优化管理流程，可以进一步提升定制化生产的规范化程度和执行效率，确保烟叶供给能够精准契合工业企业的个性化需求。

（四）建立科学评估机制

构建科学的评估机制，对改进措施的成效进行定期监测和评估，确保定制化生产能够逐步向目标迈进。通过田间鉴评、烟样评吸等方式，对关键技术的落实效果进行评估，并将评估结果与工业企业的个性化需求进行对比，确保问题短板得到有效解决。

通过聚焦重点、精准发力，烟叶定制化生产才能更加契合工业企业的实际需求，为提升烟叶供给的针对性和精细化水平提供有力支撑。这不仅有助于提升烟叶产业的竞争力，也为定制化生产模式的深化和推广奠定了坚实基础。

四、坚持稳步推进

在实施烟叶定制化生产的过程中，由于需求的多样性和生态条件的复杂性，难免会遇到多重问题和挑战。为了确保定制化生产工作稳步推进，必须采取循序渐进的策略，不宜面面俱到。通过每年聚焦 1～2 个重点问题，集中力量突破关键技术或管理短板，能够更有效地推动整体生产水平的提升。

（一）设定阶段性目标

稳步推进的关键在于明确阶段性目标。每年根据工业企业的实际需求和生产过程中的突出问题，科学确定 1～2 个核心问题作为定制化生产的攻坚重点。可以针对烟叶品质中的关键指标（如化学成分或物理特性）进行优化，或是聚焦于特定区域内的种植技术改进，确保目标清晰、具体且可操作。

（二）针对问题制定解决方案

针对每年设定的重点问题，需要制定科学、有效的解决方案。通过需求分析、实地调研和专家咨询等方式，深入了解问题的成因和改进方向，制定切实可行的技术措施和管理方案。

（三）优先试点，积累经验

在推动解决问题时，应采取试点先行的方式。选择具有代表性的生产单元或区域作为试点，通过实施技术改进措施，积累经验、验证效果。试点成功后，再逐步推广至其他区域，避免因大范围推广造成不必要的风险和资源浪费。试点过程中，还应加强数据记录和效果评估，为后续推广提供科学依据。

（四）强化跟踪与反馈

在问题解决的过程中，需要建立健全的跟踪与反馈机制。通过定期田间检查、技术落实情况评估和产量质量检测，实时掌握改进行动的执行进展和实际效果。对于发现的偏差和不足，及时采取补救措施或调整优化方案，确保每一阶段的推进工作都取得实效。

第三节 关键环节

一、需求识别

对工业客户原料需求的精准识别，是实施烟叶定制化生产的核心前提，也是确保烟叶生产与工业企业需求高度匹配的基础。为了实现这一目标，烟叶生产主体在开展定制化生产之前，需要全面深入地了解工业客户对烟叶的个性化需求，确保生产的烟叶能够满足特定卷烟品牌的风格、质量和规格要求。为了准确把握这些需求，烟草企业通过多年实践逐步总结出了一整套需求识别的固定模式。这些模式包括书面征询、质量反馈、线下调研和线上交流4个方面，每种方式都有其独特的作用和优势，并且相辅相成，形成了一个全面、立体的需求识别体系（图5-1）。

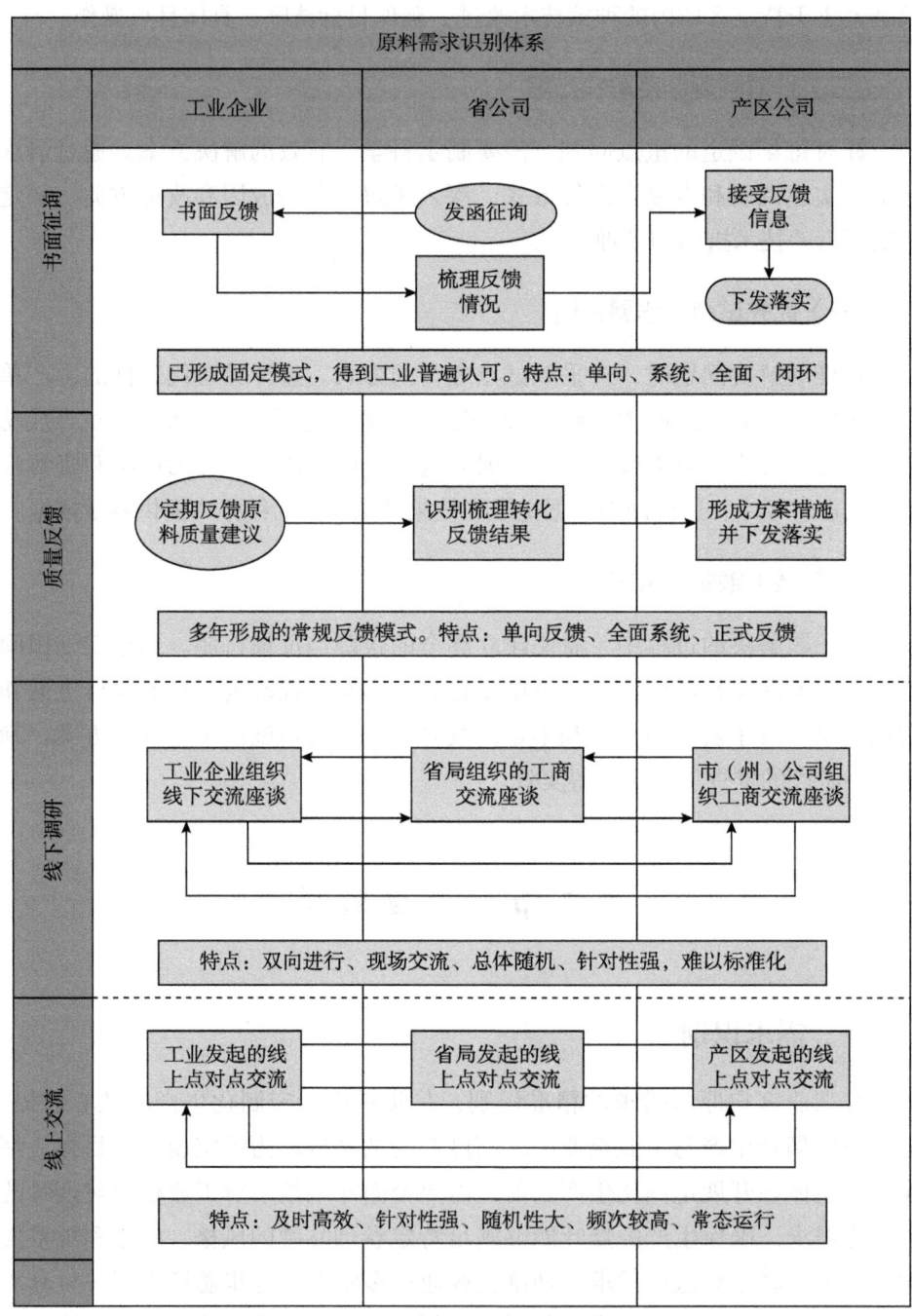

图 5-1 烟叶定制化生产原料需求识别体系

（一）书面征询

在烟叶定制化生产过程中，对工业企业需求的精准识别是实现高质量烟叶供应的关键环节。通常在每年的11—12月，烟草公司会根据当年烟叶订单计划的初步确定，向每家工业企业发送需求征询函，以全面了解工业企业在原料采购方面的具体需求和要求。这个过程不仅具备高度的规范性和系统性，而且是烟叶定制化生产需求识别的重要一环。

需求征询函的内容通常涵盖多个方面，确保能够准确全面地捕捉到工业企业的需求。首先，征询函会明确询问工业企业对种植品种的需求。不同的卷烟品牌对烟叶品种有着不同的要求，例如，一些高端品牌可能需要特定香型的烟叶，而另一些品牌可能对烟叶的化学成分或生长特性有特定要求。通过了解这些品种需求，烟草公司可以合理规划生产品种，确保烟叶的品种种类与工业需求高度匹配。其次，征询函还会询问工业企业对原料调拨结构的具体要求，特别是对于优质烟叶在不同卷烟品牌中的使用比例的需求。烟叶的不同等级和质量往往会在不同卷烟品牌的配方中占据不同的比例，因此，准确把握这些要求至关重要。通过细化这些比例，烟草公司可以更精准地安排生产和调拨计划，确保烟叶质量和数量的平衡，避免生产过程中出现质量与需求不匹配的情况。再次，征询函中还会涉及产区布局的调整需求。随着烟叶品种和品牌需求的变化，某些产区的种植环境可能不再适应工业企业的个性化要求。为此，烟草公司通常会询问工业企业是否需要对产区布局进行优化或调整，以更好地适应其对烟叶风格的需求。产区布局的优化不仅有助于提高烟叶的质量，还能确保不同烟叶品种在适宜的生态环境中生长，从而达到更高的质量标准。最后，除了品种选择、调拨结构和产区布局，征询函还会询问工业企业对烟叶的物理特性（如颜色、外观）和化学特性（总糖含量、氮碱比等）的具体要求。烟叶的物理特性直接影响卷烟的外观和吸食感受，而化学特性则决定了烟叶的燃烧性、香气、口感等重要指标。了解这些详细要求，可以帮助烟草公司进一步优化种植管理和加工技术，以符合工业企业对烟叶的精准需求。

工业企业在收到需求征询函后，会根据自身的生产计划和卷烟品牌的原料需求进行书面反馈。烟草公司根据这些书面反馈，详细梳理客户需求，将工业企业的具体要求和建议整理成文，并传达给各产区公司。产区公司收到反馈信息后，会根据客户需求进行深入分析，评估各项需求的可行性，并通过与生产部门、技术部门的沟通，制定出相应的生产落实方案。

这一过程形成了一个单项、系统、全面、闭环的需求识别固定模式。从需求征询、工业企业反馈、需求分析到产区公司落实，整个流程确保了定制化生产能够紧密契合工业企业的具体要求。通过这一模式，烟叶生产不仅能够提高与工业客户的对接效率，还能够确保烟叶质量和风格的稳定性，进而增强工业客户的满意度和合作的长期性。这一需求识别模式也得到了工业企业的普遍认可和支持，成为烟叶定制化生产的一项重要基础性工作（图 5-2）。

贵州省局（公司）2024 年烟叶原料合作意向征询表

单位：万担

				品种需求					
可接受的推广品种		云烟 87（ ）；云烟 85（ ）；K326（ ）；云烟 116（ ）；云烟 105（ ）；毕纳 1 号（ ）；韭菜坪 2 号（ ）；云烟 121（ ）；贵烟 36（ ）；贵烟 20（ ）；云烟 301（ ），湘烟 7 号（ ）								
				基地建设					
2024 年贵司在黔基地单元布局及变化情况		调拨单元数量及名称	___个，分别为：___				基地单元调拨量：___万担		
		是否增减基地单元	增/减	增减单元所在县区			增减单元名称		
				定制化生产					
定制化生产	类型	产区	县区	单元	规模	等级	品种	对应品牌/品规	意见建议
	基地单元全收全调开发								
	高可用性上部烟叶开发								
	特定区域有机烟叶开发								
	专属品牌定向等级开发								
	其他								

贵州省局（公司）2024 年烟叶原料合作意向征询表

单位：万担

				品种需求					
可接受的推广品种		云烟 87（主栽）；云烟 85（ ）；K326（贵阳遵义黔南）；云烟 116（搭配）；云烟 105（ ）；毕纳 1 号（ ）；韭菜坪 2 号（赫章）；云烟 121（ ）；贵烟 36（搭配）；贵烟 20（示范）；云烟 301（主栽），湘烟 7 号（ ）								
				基地建设					
2024 年贵司在黔基地单元布局及变化情况		调拨单元数量及名称	12 个，分别为：宅吉、松烟、敖溪、逸那、牛棚、玉龙、可乐、六曲、盐井、金盆、白碳窑、四联（未含青山）				基地单元调拨量：52.2 万担（未含青山）		
		是否增减基地单元	减	增减单元所在县区	普安县		增减单元名称	青山单元	
				定制化生产					
定制化生产	类型	产区	县区	单元	规模	等级	品种	对应品牌/品规	意见建议
	基地单元全收全调开发	贵阳	开阳	宅吉	1 万担	B1F/B2F	云烟 87	芙蓉王、和天下	
		遵义	余庆	松烟	1.8 万担	B1F/B2F	云烟 87	芙蓉王、和天下	
	高可用性上部烟叶开发	毕节	威宁	逸那	1.5 万担	B1F/B2F	云烟 87	芙蓉王、和天下	
				牛棚	1.5 万担	B1F/B2F	云烟 87	芙蓉王、和天下	
		六盘水	钟山	金盆	1 万担	B1F/B2F	云烟 87	芙蓉王、和天下	
	特定区域有机烟叶开发								
	专属品牌定向等级开发								
	其他								

图 5-2 贵州 2024 年烟叶原料合作意向征询表

（二）质量反馈

烟叶质量反馈报告的抽提与分析，是烟叶定制化生产中至关重要的一环，为烟叶生产主体提供了详尽的质量评估和改进建议。每年在烟叶调拨工作结束后，工业企业会根据实际使用的烟叶原料，定期向各自的烟叶产区提交书面反馈报告。该报告主要涵盖烟叶的整体质量状况，包括香气、口感、燃烧性、烟叶外观以及化学成分等多个维度的评价，并对是否符合工业企业的需求提出具体意见。这一反馈报告不仅提供了烟叶调拨后的实际使用效果评估，还反映了烟叶生产与工业需求之间的匹配度，从而为后续的生产调整与优化提供了数据支持。省局（公司）收到工业企业的反馈后，会第一时间对反馈结果进行整理和分析，并将各个反馈意见传达给产区公司。这个过程既具备及时性，又具有高度的系统性。通过对反馈意见的有效识别与整理，产区公司可以全面了解工业企业在实际生产中遇到的问题和挑战，从而有针对性地制定改进方案。根据工业企业反馈的具体内容，产区公司会形成详细的改进计划，并在短期内落实这些改进措施，确保烟叶的生产质量能够持续提升并与客户需求保持一致。这一质量反馈模式经过多年的实际操作与优化，已逐渐形成固定的工作流程，并成为烟叶生产管理中的一项常规制度。其基本特征，一是单向反馈，即烟草公司根据工业企业的反馈，单方面接收并分析报告内容；二是全面系统反馈，内容涵盖了从烟叶外观、化学成分到感官评吸的各项指标，确保烟叶质量的各个方面都得到了充分评估；三是正式反馈，即烟草公司和工业企业通过正式文件和书面报告进行沟通，确保反馈过程的规范性和权威性。

通过这种系统化的反馈机制，产区公司能够及时掌握调拨烟叶的综合质量状况，评估其是否满足工业企业对原料的实际需求。更为重要的是，这一机制为烟叶生产的持续优化提供了科学依据，确保了生产过程中的质量管控能够迅速响应工业企业的变化需求，逐步提升烟叶供给的精准性和高效性。长期坚持这一反馈机制，不仅优化了烟叶的生产质量，也增强了产区与工业企业之间的信任与合作，为烟叶产业的高质量发展奠定了坚实的基础。

1. 反馈报告的核心内容

质量反馈报告通常涵盖以下几方面内容。

（1）外观质量。报告详细描述调拨烟叶的外观质量特征，包括烟叶的颜色均匀性、叶片结构完整性、成熟度等关键指标。这些指标直接反映了烟叶的感官质量和市场接受度。

（2）感官质量。包括工业企业在加工和使用过程中对烟叶香气风格、燃烧性能、口感协调性等方面的主观评价。这些感官指标对于品牌卷烟的稳定性和市场认可度至关重要。

（3）理化性质。通过对烟叶内在质量分析，如总糖、烟碱、钾、氮碱比等数据，反馈报告可以直观反映烟叶质量是否符合工业企业的生产需求。

（4）调拨结构和使用适配性。工业企业会对烟叶的调拨结构进行反馈，指出调拨过程中是否存在匹配不当的问题。

2. 反馈报告的价值与意义

（1）全面掌握质量情况。通过工业企业的反馈报告，烟叶产区可以全面了解烟叶供给的整体质量表现和存在的短板，可为后续的改进指明方向。

（2）发现供给问题。反馈报告能够帮助产区发现烟叶供给中存在的具体问题，从而为技术改进和管理优化提供依据。

（3）明确改进方向。通过对反馈报告中提出的意见和建议进行深入分析，可以明确烟叶质量改进的重点。

3. 反馈报告的分析与运用

（1）数据汇总与分析。烟叶产区在收到工业企业的反馈报告后，需要组织专门团队对数据进行汇总和分析。例如，通过数据对比，识别出不同烟区、品种的质量差异，找到影响烟叶供给质量的关键因素。

（2）问题分类与梳理。根据反馈内容对问题进行分类梳理，如分为外观问题、化学问题、调拨结构问题等，形成清晰的问题清单。

（3）制定改进措施。结合问题清单和数据分析结果，制定针对性的改进措施。

（三）调研交流

调研交流是识别工业企业原料个性化需求的重要手段，能够通过直接沟通和深入互动，有效捕捉烟叶市场的动态变化和工业企业的具体要求。通过系统化的调研交流，烟叶生产主体可以更准确地掌握客户需求，及时发现原料供给中存在的差距和改进空间，从而为后续的生产调度、技术优化和质量管控提供重要依据。在实施调研交流过程中，线下调研交流与线上调研交流各自有不同的特点和优势。线下调研交流通常由工业企业、烟草商业公司或地方烟草局（公司）组织，通过座谈会、实地走访等形式，直接与工业企业及相关负责人进行面对面的交流。线下交流的优点在于双向互动，能够实时回应对方关切，增强沟通的直观性和深入性，同时，现场交流也能促使各方即时发现并解决问题。此外，线下调研也具有较强的针对性，能够根据实际情况灵活调整话题，聚焦于重点问题。然而，线下调研也存在一定的局限性，例如受时间、空间和人员的限制，交流频率较低，无法像线上交流那样高效、便捷。

线上调研交流作为近年来逐渐普及的方式，依托互联网平台进行点对点的交流，具有及时性高、沟通频次频繁等优势。通过线上平台，工业企业、产区公司和省局（公司）可以快速组织并开展调研活动，确保信息的及时传递和高效互动。线上调研交流的特点，一是高效性，可随时进行，避免了时间和地域的限制；二是灵活性，能够根据具体需求定制交流内容；三是常态化运行，线上交流可以持续进行，保证了需求识别的常规性和高频次。尤其是在信息技术日益成熟的今天，线上交流通过即时通信、视频会议等多种形式，进一步提升了沟通的效率和互动的质量。然而，尽管线上调研交流具有较强的高效性和便捷性，但也存在一些随机性大的挑战，可能导致需求反馈的多样性和复杂性增加。因此，线上调研通常需要配合有效的数据分析和汇总，以确保信息的准确性和有效性。

通过线下调研交流与线上调研交流的结合，烟叶生产主体能够全面深入地了解工业客户的个性化需求，实时掌握客户在质量、风格、化学成分等方面的变化需求，灵活调整生产计划和技术方案。这种多样化的调研沟通方式不仅提升了烟叶生产的灵活性和响应速度，也为企业制定更加符合工业需求的原料供给方案提供了可靠的支撑，进一步推动了烟叶产业的精准化、定制化发展。

1. 调研形式多样化

在烟叶定制化生产过程中，调研交流的核心目标是实现工业企业与烟叶生产主体之间的双向沟通，以确保精准识别原料需求并优化供给方案。通过不同形式的交流和调研，可以全面了解工业企业对烟叶原料的个性化需求，及时发现生产环节中存在的短板和瓶颈，进而制定出高效、精准的生产调度方案和技术标准。具体来说，调研交流主要通过3种方式进行，即工商座谈、调研走访和线上交流。

（1）工商座谈。工商座谈是最直接和深入的沟通方式。定期组织与工业企业的座谈会，邀请关键技术人员、采购负责人、质量评估专家等参与，能够有效地对接双方需求。在座谈中，工业企业可以明确提出对烟叶原料的具体要求，包括风格特色、感官质量、物理化学特性、调拨结构等方面的需求。同时，烟叶生产主体通过座谈深入了解工业企业在卷烟品牌配方中的原料应用，尤其是对特定香型、烟碱含量、糖碱比等细节的需求。这种面对面的交流形式有助于建立快速且精准的共识，厘清各方的优先目标，并为长期合作奠定基础。工商座谈作为一种双向交流平台，不仅增强了双方的信任，还为后续的技术改进和生产优化提供了方向。

（2）调研走访。调研走访是另一种重要的调研方式，通过实地走访工业企业，烟叶生产主体能够从生产工艺、卷烟配方需求等多个维度深入了解工业企业的实际需求。在生产现场，技术人员可以通过观察卷烟生产过程，掌握烟叶原料的实际表现，例如在卷烟配方中的作用、烟叶在使用过程中是否符合预期的香气释放、燃烧性、口感等要求。此外，走访过程中，技术人员还可以与工业企业的生产、研发人员进行详细的技术交流，获得有关生产工艺改进和原料需求变化的第一手信息。通过这种方式，生产主体能够发现潜在的供给问题和短板，并在实际生产过程中做出及时调整，确保工业企业的需求得到充分满足。

（3）线上交流。线上交流提供了一个高效便捷的沟通平台，尤其是在无法进行线下交流的情况下，线上工具成为沟通和信息反馈的主要渠道。通过视频会议、邮件、即时通信等线上工具，工业企业和烟叶生产主体能够快速共享信息、确认需求、讨论方案等。线上交流具有低成本、高效率的优势，能够在短时间内完成大量的沟通工作，避免了地域限制和时间限制的问题。在实施烟叶定制化生产过程中，线上交流可用于初步的需求确认、生产计划的协调、质量反馈的收集等环节，尤其适合于需要频繁沟通的小范围调整和技术方案的优化。借助数字化平台，双方能够实时共享生产数据和反馈信息，进一步提升工作效率和响应速度。

2. 调研内容的全面性

调研交流是确保烟叶定制化生产能够精准匹配工业企业需求的关键步骤。为了确保调研内容全面且具有针对性，需要从以下几个方面深入开展。

（1）原料风格特色。在调研过程中，首先要深入了解烟叶原料的风味特点及其适配性，尤其是在卷烟产品中的作用。烟叶的风味特征直接影响最终卷烟产品的香气、口感以及吸食体验。因此，调研必须对烟叶的主要香型进行详细分析，包括其是否具备清甜香、干草香、蜜甜香等多层次的风味表现，同时还需探讨这些风味特征在不同卷烟品牌中的匹配度和适用性。例如，是否能够满足高端卷烟品牌对于香气层次、香气释放速度和持久度的要求。通过调研不同品牌对烟叶风味的偏好，能够明确原料供给的风格导向，帮助烟叶生产主体有针对性地调整生产策略，确保每批烟叶的风味稳定性。

（2）使用情况分析。了解烟叶在不同卷烟产品中的使用比例、调拨结构的稳定性以及使用过程中的表现，可以帮助生产主体准确判断烟叶在工业生产中的价值和应用范围。例如，某些高端卷烟品牌可能需要特定香型的烟叶，但对烟叶的外观和物理特性（如叶片厚度、油分含量等）有更高的要求。调研不仅要分析不同品种的烟叶在各类卷烟中的实际使用比例，还应关注每个烟叶品种的调拨结构是否合理，是否存在某些品种供给过剩或不足的情况。此外，还需要评估烟叶在卷烟生产中的实际表现，如香气的稳定性、烟叶的加工适应性、吸食时的舒适感等，以便更好地满足卷烟产品对原料的特定需求。

（3）配伍特性与品质特征。烟叶的配伍特性是指在卷烟生产过程中，不同品种的烟叶如何与其他原料进行混合、搭配，从而达到所需的风味、口感和品质标准。调研需要了解不同烟叶在卷烟配方中的配伍特性及其对整体品质的影响。例如，某些烟叶品种具有较强的香气增强作用，而某些则在提供平滑口感或控制烟气刺激感方面具有优势。通过对不同品种烟叶配伍的深入分析，可以找出最优的原料配比方案，以确保在不牺牲烟叶风味和口感的前提下，满足卷烟产品的质量要求。此外，还要特别关注某些烟叶的品质特征对配方的影响，如糖分和氮碱比的适配性、烟碱含量的平衡等因素，它们在最终产品的吸食感受和消费者满意度中占有重要地位。

（4）供给中的问题识别。通过对现有烟叶供应链条的全面审视，识别生产过程中可能存在的瓶颈和问题。例如，某些产区的烟叶生产质量不稳定，导致卷烟产品口感波动；或者某些品种的烟叶供给周期不一致，影响了生产计划的稳定性。此外，还可能存在原料运输不及时、原料等级分配不均、收购体系不健全等问题，这些都会影响工业企业的生产效率和最终产品的质量。因此，调研过程中不仅要识别这些潜在问题，还要通过与工业企业的交流，明确改进方向，包括生产环节中技术标准的修订、收购体系的优化、供应链条的精准管理等方面，以便为后续的定制化生产方案提供数据支持和科学依据。

3. 需求特征的提炼

在现代烟叶定制化生产的过程中，调研交流获得的海量信息是确保原料供给与工业企业需求精准对接的核心数据源。为了更好地利用这些信息，必须进行系统地整理和分析，提炼出工业企业原料需求核心特征，从而为设计更加精准、个性化的原料供给方案提供有力支撑。

（1）数据收集与分类。调研交流过程中收集到的数据需要经过系统整理，包括将来自不同渠道的数据（如座谈会纪要、调研报告、线上交流记录、质量反馈等）进行分类。数据类别通常包括烟叶的风味特点（如香甜、醇厚、清香等）、物理特性（如叶片厚度、弹性、油分含量等）、化学成分（如糖分含量、氮碱比、烟碱含量等）、使用历史数据（如工业企业的使用比例、需求波动等）以及对烟叶外观、结构等的特定要求。通过对这些信息进行归类和整理，便于后续深入分析和对比。

（2）提炼核心特征。在对信息进行整理后，接下来的关键步骤是对收集到的数据进行分析，提炼出工业企业原料需求的核心特征。这一过程包括以下几个方面。

①需求趋势分析：通过对历史数据的梳理，识别出工业企业对不同类型烟叶的需求趋势，包括各类烟叶的使用变化、市场需求波动、不同品牌的需求特征等。某一高端卷烟品牌可能在某个时期特别需要某种香气浓郁的烟叶，而另一些品牌则偏向于低刺激、柔和的烟叶。通过趋势分析，能够准确把握未来生产中可能出现的原料需求变化，并据此制定相应的生产调整计划。

②需求特征提炼：通过对调研数据的分析，提炼出烟叶需求的关键特征，包括香气特征（如甜香、清香、花香）、感官体验（如烟气的顺滑性、余味的舒适度、香气的持久性）、物理特性（如叶片的厚薄度、弹性、油分）、化学成分（如糖分、氮碱比、烟碱含量）。例如，有些工业企业可能要求烟叶具有特定的糖碱比，以增强香气的层次感，而有些则对烟碱含量的稳定性有较高要求，以确保吸食体验的一致性。

③个性化需求识别：烟叶的需求不仅仅是通用的品质要求，更包含了特定品牌、特定产品对原料的独特要求。通过深入调研，分析不同工业企业在品牌构建中的细化需求，能够识别出更为个性化的原料特征。一些高端卷烟品牌可能会要求烟叶具备特定的香气层次和感官舒适度，而一些中低端品牌则可能更关注烟叶的燃烧性和经济性。通过这些个性化需求的识别，能够为每个品牌量身定制符合其需求的烟叶生产方案（图5-3）。

贵州烟叶定制生产调拨数量工商确认报告

填报单位：

基本信息					
实施单元		对口工业		对应卷烟品牌	
实施地点		收购点（片区）数量		计划开发规模/（万担）	
主栽品种		种植面积/万亩			
收购情况					
是否单收		是否单存		是否单调	
调拨情况					
调拨等级	调拨数量	开发类型	调拨价上浮比例	其他	备注
合计数量		—		—	—
合作评价					
工商确认					
商业签章 日期：年 月 日			工业签章 日期：年 月 日		

注：开发类型主要有单元定制、高可用性上部烟叶开发、有机烟开发、单等级开发、其他个性化需求。

图 5-3 贵州烟叶定制生产调拨数量工商确认报告

二、方案制定

方案制定是烟叶定制化生产的重要步骤，旨在将工业企业对原料的个性化需求落实为具体的生产技术和管理方案。通过精准对接工业需求，制定科学、实用的定制化生产实施方案，不仅确保烟叶生产符合高端品牌的质量要求，也为整个生产环节提供了清晰的指导框架。

（一）目标指标明确

在方案中设定的目标指标必须符合 SMART 原则，即具体（Specific）、可测量（Measurable）、可实现（Achievable）、相关性（Relevant）和时间限定（Time-bound）。

1. 具体（Specific）

明确定制生产的核心目标，例如实现某卷烟品牌定制化原料的香气特性提升或改善烟叶燃烧性。

2. 可测量（Measurable）

提出可以量化的指标，如烟叶的香气得分提升到特定范围、上等烟比例增加至某数值。

3. 可实现（Achievable）

确保生产目标结合区域实际，不提出过高或不切实际的要求。

4. 相关性（Relevant）

所有目标必须直接服务于工业企业的需求，避免与定制生产无关的泛化内容。

5. 时间限定（Time-bound）

明确生产和收购的时间节点，以保证按时交付。

（二）突出技术与管理重点

必须围绕定制化生产的关键技术环节和管理措施提出切实可行的解决方案。

1. 技术重点

针对工业企业对烟叶的个性化需求，因地制宜，根据不同烟区的生态特点，制定适宜烟叶开发技术方案，从田间管理、成熟采收和烘烤工艺等关键环节提出针对性的技术改进措施。

2. 管理重点

在生产过程中明确监管流程，包括技术执行标准、质量监督、责任主体等内容，确保生产的过程管控科学高效。

（三）工商协同评审

方案的制定必须得到工业企业的认可，建议组织工商协同评审，确保方案能够反映真实的市场需求。具体步骤包括工商联合研究生产现状，厘清当前生产痛点及改进方向；工业企业技术团队提出明确的原料需求清单；烟草企业根据工业需求细化方案内容，并进行联合评审确认，确保方案的实用性和针对性。

（四）动态调整机制

在方案实施过程中，要引入动态调整机制。根据生产过程中的实时数据和工业反馈，及时修订方案的技术细节；对于新出现的质量问题或需求变化，快速响应并调整生产策略；定期组织中期评估，确保方案执行过程中各目标节点能够按时完成（表5-1）。

表5-1 基于品牌原料需求的烟叶定制化生产实施方案

配方功能	工业需求	目标指标	重点环节	关键技术	管控要求	过程跟踪	落实评估
增加香气底蕴 增加香气甜润感 丰富香气 平衡烟气	原料 余味 身份	数量目标 结构指标 质量指标	移栽	种植品种			
				移栽节令			
				植烟密度			
				肥料施用			
			田管	打顶留叶			
				烟株长势			
			采烤	成熟采收			
				专业化烘烤			
			收调	精准收购			
				复烤加工			
			利用	烟叶使用			

三、过程落实

在烟叶定制化生产的实施过程中，过程落实是确保方案目标实现的关键环节。通过明确技术标准和强化管理措施的执行，可以全面保障烟叶定制化生产的高效推进与质量达成。技术标准是定制化生产的技术指导基础，可通过以下举措确保其在生产环节的有效落实。

（一）制定技术细则

根据定制化方案，细化生产过程中的技术要求，如在彰显烟叶风格特色方面，注意与常规生产的技术区别。重点关注烟区布局、营养平衡、成熟采收、烟碱调控等方面的关键技术指标，保障烟叶品质符合预期。

（二）技术培训

组织烟农和生产人员进行技术培训，全面覆盖方案中的技术要点，包括种植管理、病虫害防治、烘烤操作等环节。通过实地演练、示范推广等方式，确保培训效果。如在营养平衡方面需要优化施肥技术、规范行株距和打顶留叶标准；成熟采收方面统一成熟度管控标准、严格贯彻烘烤工艺要求和规范烘烤组织模式；烟碱调控方面注重平衡施肥、合理密植和合理留叶。

（三）监督执行

在生产过程中，定期检查技术标准的执行情况。通过田间巡查、阶段性鉴评等方式，确保各环节符合技术要求。

（四）跟踪原料使用情况

跟踪定制化烟叶的使用情况是确保定制化生产闭环管理的重要环节，也是提升生产效果和优化未来定制方案的关键步骤。

（1）复烤加工情况跟踪。监测烟叶在复烤过程中物理和化学性质的变化，包括水分调节、杂质去除及香气物质的提升情况，确保复烤后烟叶达到工业企业使用标准；评估复烤设备与工艺对定制烟叶的适配性，分析是否需要在技术环节进行优化，以满足工业需求；收集定制烟叶在加工过程中的表现和数据，针对发现的问题提出改进建议。

（2）醇化情况跟踪。分析烟叶在醇化期间的温湿度变化，确保仓储环境对烟叶品质的长期稳定起到积极作用；跟踪烟叶在醇化过程中香气的自然变化、化学成分的均衡性，以及潜在品质的提升效果；定期与工业企业沟通，了解醇化后烟叶在香气量、燃烧性和烟气细腻度等方面的实际表现。

（3）使用情况跟踪。记录定制烟叶在卷烟生产中的使用占比和适配效果，特别是高端品牌的配方表现；收集工业企业对定制烟叶在卷烟生产中对香气提升、烟气柔和性及余味舒适度等方面的评价；跟踪卷烟上市后的消费者反馈，分析定制烟叶是否有效支撑了品牌定位和市场需求。

四、综合评价

综合评价是烟叶定制化生产的重要环节，旨在全面总结生产实施成效，发现问题，积累经验，为后续改进提供科学依据。评价过程通过多层次、多维度的方式，衡量生产实施的目标达成情况和烟叶质量表现。

（一）定制化生产座谈

1. 组织座谈会议

邀请工商双方代表、技术人员和烟农代表，共同回顾定制化生产的实施进展与经验，确保各方信息畅通。

2. 问题清单讨论

收集各参与方的反馈，列出生产过程中的问题点，如技术落实效果、执行协调问题等，为全面评估奠定基础。

3. 经验分享

针对优秀实践案例进行分享，提炼可推广的成功经验，并将其作为后续工作的参考方向。

（二）全面评估评价

1. 方案执行情况评价

对定制化生产中关键技术的应用情况进行核实，包括栽培密度、施肥标准、采收工艺等，确保方案中的措施能够有效转化为生产实践。评估生产环节的管理措施，如监督频次、工业企业指导参与度，确保执行过程符合定制生产的规范要求。

2. 烟叶质量评价

（1）田间鉴评。在烟株生长期内进行多次田间评估，包括植株长势、叶片发育情况以及病虫害防治效果（图 5-4）。

图 5-4　工商联合开展烟叶田间长势调查

（2）烟叶样品评吸。组织工业企业对定制化生产的烟叶样品进行感官评吸和化学指标测试，评估烟叶在香气、燃烧性和余味等方面的表现是否符合高端卷烟的需求。

（3）复烤加工质量检验。分析复烤后的烟叶质量，包括水分均匀性、杂质率、色泽和香气释放，确保复烤环节优化烟叶的最终质量。

3. 定制开发总体效果评价

（1）经济效益。衡量烟农收入增长、工业满意度提升及订单执行率等数据，评估定制化生产的经济价值。

（2）市场表现。跟踪定制烟叶在卷烟品牌中的使用效果，尤其是在高端市场中的竞争力表现。

（3）技术创新应用。分析技术优化对烟叶供给效率和质量提升的实际贡献，提炼定制化生产的核心技术亮点。

五、客户反馈

客户反馈是烟叶定制化生产的关键闭环环节，旨在通过卷烟工业企业、烟农等相关方的意见和建议，综合评估定制生产的实际效果，优化供需对接，提升生产质量与效率。

（一）意见收集与分析

1. 工业企业反馈

组织座谈或问卷调查，全面了解工业企业对烟叶质量、适配性、稳定性的评价，重点关注卷烟配方中的使用效果和差异化需求。

2. 烟农反馈

通过回访或问卷，了解烟农在技术执行、生产收益、种植过程中的问题和建议，确保政策执行的基层反馈通畅。

3. 内部评估

结合烟叶调拨和使用的实际数据，从调拨效率、加工质量到市场表现进行全面分析。

4. 反馈分析要点

（1）烟叶表现。关注烟叶的外观、香气、燃烧性以及是否满足工业品牌个性化需求。

（2）生产效果。评估种植技术的实际执行效果是否达标，调拨流程是否高效顺畅。

（3）经济收益。对比烟农收入增长与工业企业满意度，判断定制化生产的经济效益与社会效益。

（二）改进反馈形成闭环

1. 报告形成与发布

（1）全面总结。根据反馈内容，形成包括烟叶质量表现、技术实施效果、经济效益的综合评价报告。

（2）问题清单。列出在生产、管理和供需对接过程中暴露的问题，并明确改进措施的优先级。

（3）公开透明。将总结报告定期提交至相关工业企业、烟草公司高层及烟农协会，确保反馈渠道畅通。

2. 反馈与改进对接

（1）问题解决方案。针对反馈问题，及时调整种植技术、加工工艺、分级标准和调拨流程，提升生产与供应的精准度。

（2）上下游联动。建立更加高效的沟通机制，将反馈内容直接对接到下一周期的生产方案设计和执行计划中，形成生产改进的闭环管理模式。

（三）体系构建与优化

基于客户反馈，逐步完善烟叶定制化生产的技术、管控和经营体系。

1. 技术体系

结合反馈改进现有的烟叶品种选择、营养管理、采收和加工技术，优化生产流程。

2. 管控体系

加强种植到调拨的全流程监控，借助数字化工具提高透明度和管理效率。

3. 经营体系

通过提升烟叶供给质量与稳定性，持续优化客户关系，推动长期合作和市场拓展。

第四节 实施要点

近几年来，在全力推动烟叶定制化生产上，初步形成了具有贵州烟叶定制化生产特征的操作流程（表5-2）。

表5-2 贵州烟叶定制化生产基本流程

流程	重点工作	具体任务	输出成果	参与主体
P（计划）	需求衔接	1.开展区域烟叶使用情况调研，了解自身烟叶服务的卷烟品牌品规 2.掌握上年度烟叶调拨使用情况，积极回应工业企业提出的原料开发问题 3.与工业企业对接定制化生产需求，准确掌握工业企业烟叶原料个性化需求	1.烟叶质量评价报告 2.定制化生产需求函 3.烟叶原料使用情况调研报告	工业企业、产区公司、省公司烟叶处
	方案制定	工商研共同制定或工商共同制定烟叶定制化开发实施方案	定制化生产实施方案及具体措施	工业企业、产区公司

第五章　贵州烟叶定制化生产关键环节

（续表）

流程	重点工作	具体任务	输出成果	参与主体
D（执行）	技术优化	彰显烟叶风格特色的核心技术（注意区别于常规生产）；重点关注烟区布局优化、营养平衡技术（施肥技术、株行距、打顶留叶）、成熟采摘技术（成熟度管控、烘烤工艺执行、烘烤组织模式）、烟碱调控技术（平衡施肥、合理密植、合理留叶等）	定制化生产方案中体现施肥方案、优化结构方案等，核心产区烟株发育充分、长势良好	工业企业、产区公司、省公司烟叶处
	收调模式探索	1.烟叶收购标准确定，全程跟踪烟叶收购 2.因地制宜制定烟叶收调模式及方案 3.根据定制化需求适时适度优化分级收购调拨管理流程	1.烟叶样品标准及收购样 2.精准收购方案 3.烟叶高效有序收购	工业企业、产区公司
	原料使用跟踪	协调工业企业及时反馈定制开发烟叶使用信息，如烟叶复烤加工情况、烟叶醇化情况、烟叶使用情况	烟叶原料使用情况报告	工业企业、产区公司
C（检查）	跟踪评价	1.开展定制化生产座谈，交流探讨定制化开发情况 2.采取适当方式对烟叶定制化开发情况进行全面评估评价，主要内容包括方案执行情况评价、烟叶质量评价、定制开发总体效果评价等	研讨通报、评价结果、评价模式输出	工业企业、产区公司、省公司烟叶处、技术依托单位
A（处理）	优化改进	形成定制开发技术体系、管控体系、经营体系	技术标准、管理标准、经营模式以及扩大定制化生产规模	工业企业、产区公司、省公司烟叶处

第六章　定制化生产"3321"体系

基于贵州"两烟重地、烟叶大省"的发展定位，基地单元是稳定烟叶质量、彰显烟叶风格特色、提升原料保障能力、推进"大市场、大企业、大品牌"建设的关键支撑和重要保障。近年来，贵州烟区认真贯彻落实主管部门关于把基地单元打造成为卷烟工业"第一车间"的工作要求，以提升品质、树立品牌、塑造品格"三品"为发展目标，以品牌导向型基地单元建设为重要抓手，深化需求同向、生产同行、定制同频、战略同步、发展同心，大力实施包括高可用性上部烟叶开发在内的烟叶定制化生产，形成了具有贵州特色的烟叶定制化开发技术体系（图6-1），有效助力了贵州优质烟叶原料供给质量和保障能力的提升，得到了工业企业广泛好评。

第一节　总体思路上围绕"三高三特四导向"

一、三高

在烟叶定制化生产的规划过程中，贵州始终坚持"高质量发展"作为核心战略目标，致力于推动烟叶产业从"质量"向"品质"的全面转型，再从"品质"迈向"品牌"的跨越式发展，最终实现产业由满足市场需求到引领市场发展的目标。这一战略的核心在于通过精准的烟叶定制化生产，充分响应工业企业对高端品牌、高价品规以及高成长性卷烟原料的个性化需求。贵州深刻理解这一战略目标的重要性，并围绕这一需求展开深度研究，确保烟叶定制化生产不仅满足现有的工业需求，还能在未来的发展中引领市场方向。

为确保烟叶定制化生产能够精准对接工业企业的需求，贵州在实施过程中着重解决了定制化生产的核心问题，明确了合作方向、原料配方定位以及品牌服务主体等关键要素。通过系统性的思考和规划，确保每个环节从战略目标的提出到实际操作的执行都具有清晰的理论基础与操作路径。

第六章 定制化生产"3321"体系

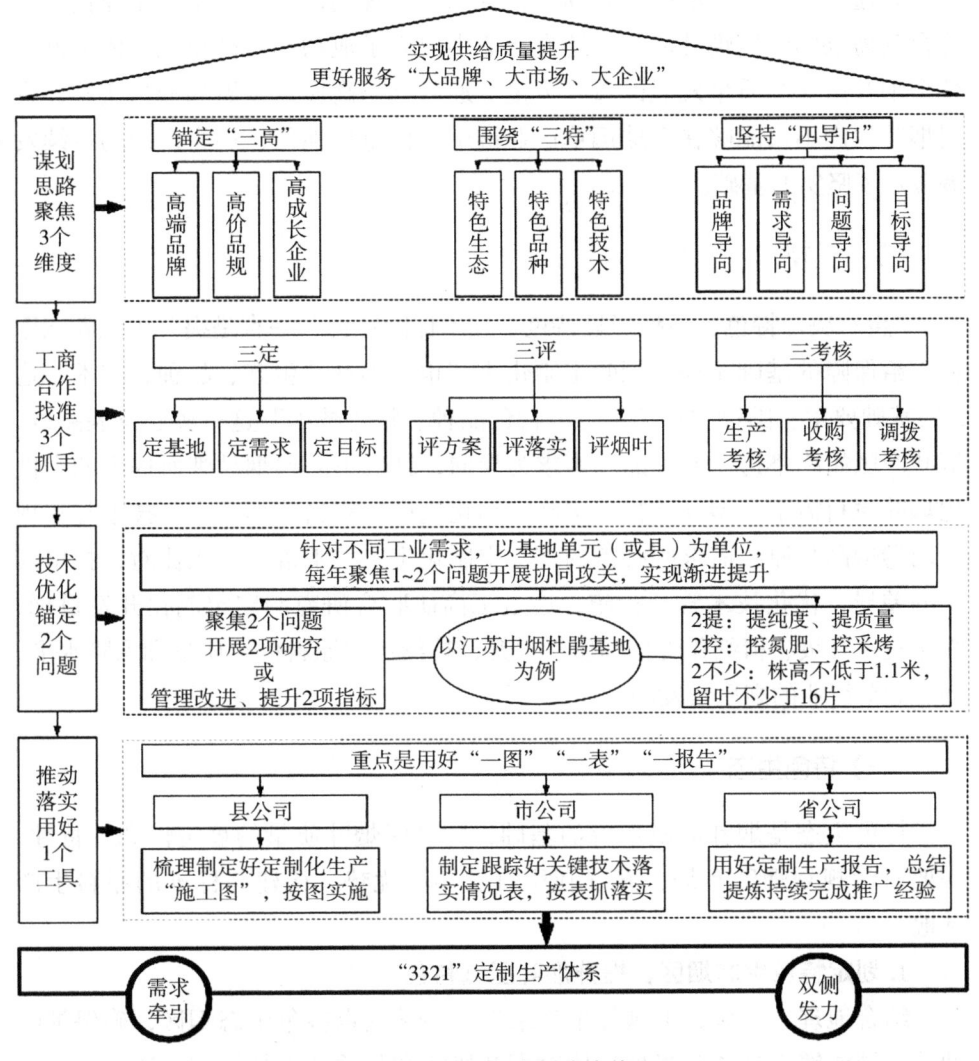

图 6-1 "3321"定制生产体系

这种清晰的目标设定与方向指引,使得烟叶定制化生产不仅具备了明确的实施路径,也在实践中形成了持续稳定的生产模式。明确了出发点和意义后,进一步细化烟叶定制化生产的方向,并且不断强化实施的执行力。尤其是在与工业企业紧密合作的过程中,着力对接高端、高价和高成长性卷烟品牌的品规需求,通过科学的原料配方设计和精准的生产合作方式,确保烟叶生产能够与工业企业的要求完全契合。这一过程不仅保证了工业企业的原料供给稳定性,还推动了烟叶产业的质量升级和可持续发展。"3321"烟叶定制化生产体系通过深思熟虑的战略布局和精准的生产规划，不仅为工业企业提供了符合其需求的优质烟叶原料，还在行业中树立了成功的生产模式，成为推动整个烟叶产业高质量发展的重要力量。通过这一高质量发展的战略实施，贵州烟叶生产不仅能够在全球烟草产业链中占据重要地位，还为未来的持续发展奠定了坚实的基础。

二、三特

"生态决定特色、品种彰显特色、技术保障特色"一直是提升中式卷烟原料供给保障的基础路径，烟叶定制化生产也离不开"生态、品种、技术"这3项基础要素。围绕"特色生态、特色品种、特色技术"这一核心发展路线，烟叶产区始终坚持以卷烟品牌需求为导向，针对不同卷烟品牌所提出的个性化烟叶原料需求类型和结构，实施定制化生产。将当前烟叶生产技术与实现不同卷烟品牌原料需求所必需的配套定制化生产技术进行深入比对，找出其中的差异，优化技术管理措施，通过工商研联合研究制定定制化开发目标，强化技术升级、精细化管理和质量提升，持续优化原料供给质量和保障水平，助力烟草行业的高质量发展。

（一）特色生态

特色生态是烟叶品质形成的基础，为确保烟叶质量的稳定性和独特性，需要科学规划烟区布局，充分利用自然环境优势，构建高标准的原料生产基地。

1. 划定特色生态烟区，提升烟叶区域特色

结合地理、气候、土壤等生态条件，科学划定特色生态烟区，确保烟叶种植区域能够充分体现当地环境对烟叶风味和品质的独特影响。通过优化烟区烟田布局，形成稳定、优质的烟叶原料供应体系。依托贵州独特的喀斯特地貌、立体气候和适宜的水热条件，突出生态种植优势，增强烟叶的区域风味特征（图6-2）。

2. 优选种植地块，确保生态种植标准化

严格按照生产技术要求，优选烟叶种植地块，确保种植地块符合高标准技术规范，为烟叶优质生长提供良好的土壤条件。推行绿色种植模式，包括轮作、深耕改土、精准施肥等措施，改善土壤环境，提高烟叶质量的一致性和可控性。通过生态友好型农田管理，如节水灌溉、测土施肥和生物防治，减少化学投入品的使用，确保烟叶生产符合可持续发展要求。

图 6-2　贵州优良的山地生态气候条件

3. 发挥生态效应，提高烟叶的品质竞争力

通过生态区划与优化种植，使烟叶的香气、燃烧性、口感等品质特征更加突出，满足高端卷烟的品质需求。依托生态种植模式，减少化学农药和化肥的使用，提高烟叶的天然风味和绿色环保属性，进一步增强市场竞争力。

（二）特色品种

特色品种是烟叶风格形成的关键，针对不同工业卷烟品牌需求，精准布局品种，既能满足市场需求，也能提升烟叶的稳定性和经济效益。

1. 紧密对接工业需求，优化品种结构

始终坚持以工业需求为导向，确保烟区推广种植的烟叶品种符合工业标准，精准匹配不同品牌卷烟的风格需求。根据高端卷烟对原料的差异化需求，针对性推广个性化优质特色品种，提升烟叶产品的附加值。

2. 解决品种单一性问题，提升品种多样性

针对部分地区品种单一、适应性受限的问题，开展品种复壮技术研究，优化种子培育和繁育体系，提高种质资源的适应性和抗逆性。结合不同生态区的特性，推广适应性强、品质优良的特色烟叶品种组合，增强烟叶产品的丰富性和市场适应能力。

3. 推动品种创新

依托优质特色品种原料工商研一体化先行示范区，推进品种的选育、推广与验证，加快新品种的应用转化。结合国内外市场趋势，持续探索和培育能够满足未来消费需求的创新型烟叶品种，形成具有竞争力的品种资源库。通过品种优化，提升烟叶香气浓度、化学成分协调性和燃烧特性，进一步增强烟草产品的市场吸引力。

（三）特色技术

特色技术是保障烟叶质量稳定性的核心，围绕田间整齐度、采烤成熟度和收购纯度（"三度"标准），提升生产管理技术，实现烟叶质量的标准化和精细化。

1. 提高田间整齐度，增强烟叶生长一致性

通过优化移栽节令，科学安排烟叶种植时间，减少早播晚播导致的烟株生长不均问题，提高田间整齐度。实施精准施肥管理，根据土壤养分状况和烟株生长需求，科学调整氮、磷、钾等营养供给，促进烟株均衡生长。运用智能农业监测，实时掌控田间生长情况，及时调整管理措施，确保烟株生长的一致性。

2. 精准采烤，提高烟叶采烤成熟度

建立成熟度分级采收制度，严格按照烟叶成熟度标准进行采收，确保采摘的烟叶处于最佳品质状态。采用智能化烘烤技术，精准控制烘烤温湿度参数，减少品质损失，提高烟叶的色泽、香气和物理特性。依托数字化监控系统，实时监测烘烤全过程，优化烘烤策略，确保烟叶品质的一致性和稳定性。

3. 严格收购管理，提高烟叶收购纯度

在烟叶收购环节，严格执行分级收购制度，确保烟叶的纯度和一致性，提高工业企业对烟叶质量的认可度。通过全程质量追溯体系，确保烟叶在生产、采收、收购、加工等各个环节的质量可控，为高端卷烟提供稳定的原料供应。

三、四导向

在烟叶定制化生产过程中，贵州始终坚持品牌导向、需求导向、问题导向和目标导向，确保原料的生产和供给精准对接卷烟品牌的实际需求。通过这一策略，贵州在确保满足工业企业对原料的个性化需求的同时，积极解决供给过程中的各类问题，并根据确定的开发目标，科学对标相关技术和质量指标，确保生产环节的各个步骤都能有效地支持烟叶供给质量的提升。如在面对"贵烟"品牌"跨越"品规盘州清香型原料供给不足的问题时，与贵州中烟进行了深度合作，着力解决生产过程中的关键痛点。通过明确目标，聚焦田间整齐度、调制成熟度和收购纯度等核心指标，组建了专门的团队来对栽培、调制和分级等环节进行优化，形成了"栽培技术优化、特色品种纯化、技术标准三化"的战略路径。通过对烟区布局进行优化，强化特色品种的纯化，同时通过对关键技术的升级，逐步实现了烟叶质量和生产效率的双重提升。经过3年的持续努力，盘州烟叶的供给质量得到了显著改善，调拨结构得到了有效优化，优质烟叶的调拨比例提升了5个百分点；高可用性上部烟的调拨比例增加了6个百分点，烟叶的质量评价得分提升了3分。这一系列成果不仅提升了定制烟叶的质量，也有效缓解了贵州中烟部分特色区域原料不足的问题，确保了卷烟生产对高端原料的稳定需求。

通过精准识别工业企业的原料需求，进一步加强了与工业企业的合作，确保了定制化生产中的技术标准和质量指标的高效落地。通过技术创新和管理优化，不仅成功破解了烟叶供给质量提升中的难点，还为全省乃至全国的烟叶定制化生产提供了宝贵经验和实践模式。（图6-3）。

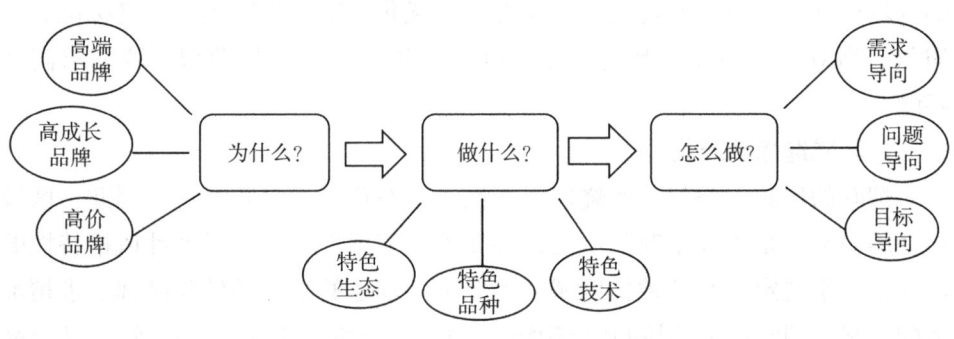

图6-3　烟叶定制化生产总体思路

第二节　合作模式上抓实"三定三评三考核"

"三定三评三考核"的工作机制是烟叶定制化生产中的重要管理措施，旨在确保生产过程中的精准性、高效性和质量性。在实践中，这一工作机制发挥着关键作用，有助于促进工商双方的紧密合作，提升烟叶生产的整体水平和效益。多年烟叶定制化生产实践表明，定制化生产的高质量推进，不仅需要明确卷烟工业对烟叶原料的具体需求，更离不开工业企业的深度参与，在实际操作中工业的参与不可能面面俱到，必须围绕重点、紧抓关键。为此，贵州在统筹谋划的基础上，聚焦工业需求，围绕关键节点，实施双向发力，突出重点，找准抓手，推动定制化生产同向发力、有效落实。

一、聚焦品牌需求，抓实"三定"工作

即定基地、定需求、定目标。通过与工业企业座谈、对接与反馈，全面掌握工业企业对特定区域原料的个性化需求，并将工业企业原料需求转化为具体开发目标和农艺措施，并形成行之有效的定制化生产方案，通过"三定"工作，既实现了客户需求的精准识别，又高度统一了工商目标，促进了生产过程的顺利进行和目标的达成。

（一）定基地

结合不同卷烟品牌对烟叶原料的生态适配性要求，科学规划烟叶生产基地，是提升烟叶质量、优化供应链管理、增强品牌竞争力的关键。通过精准的区域选择、规范化基地建设和生态环境优化，实现烟叶生产的高标准、高质量、高效率，确保烟叶的风味、燃烧性和化学成分与卷烟品牌需求高度匹配。

1. 区域选择精准化

烟叶的风味、香气、燃烧性等特性受生态环境的影响极大，因此，区域选择的精准化是确保烟叶品质的首要任务。依据工业企业对烟叶风格特性的需求，科学选定适宜的种植区域，确保生产基地的生态条件与品牌需求精准适配。基于烟叶种植的核心生态因子（气候、土壤、水文、海拔等），结合品牌需求对烟叶风格的具体要求，精准匹配适宜区域。严格按照工业企业对烟叶原料风味和品质的要求，精准划定核心烟叶生产区域。针对气候变化、土壤退化等问题，及时调整烟叶种植区域布局。通过技术手段对不同烟区的烟叶质量进行跟踪分析，确保烟叶的风格和品质始终满足品牌需求。

2. 基地建设规范化

规范化的基地建设是提升烟叶生产效率、保障烟叶品质稳定的关键。通过高标准的农艺管理、基础设施建设和现代化种植技术应用，打造标准化生产模

式，为工业企业提供稳定、高质量的烟叶原料。全面推广标准化栽培技术，包括合理轮作、土壤改良、科学施肥、精准灌溉等措施，确保烟叶生长环境的优质化。加大对烟田基础设施的投入，优化水利设施建设。此外，建立现代化烟叶烘烤设施，提高烟叶的烘烤效率和品质一致性。应用物联网、遥感监测等现代农业技术，实时监测烟田状况，提高生产管理的精准度和效率。

3. 生态环境优化

通过绿色生产技术推广，实现烟叶生产的环境友好型转型。针对不同种植区域的土壤状况，实施精准施肥策略，避免过度施肥造成的土壤污染和养分浪费，提高肥料利用率。推行"预防为主、综合防治"的病虫害管理策略，减少化学农药的使用。采用滴灌、微喷灌等节水灌溉技术，提高水资源利用率。对于土壤退化的烟区，实施土壤修复工程，例如采取有机质改良、秸秆还田、深耕深松等措施，改善土壤结构，提高土壤肥力。同时，推动烟区绿化建设，通过植被恢复、防风固沙等措施改善生态环境，确保烟叶种植的可持续性。

（二）定需求

通过与工业企业的座谈、对接和反馈，产区能够全面深入地了解工业企业对特定区域烟叶原料的个性化需求。这一过程是烟叶定制化生产的基础环节，确保了生产环节能够精准对接市场需求。座谈会通常涵盖烟叶的感官质量、化学成分、外观特征、烟气风味、调拨结构等多个维度，双方在这一过程中展开详细讨论，确保对工业企业具体需求的准确把握和理解。此类座谈不仅是简单的需求反馈，更是生产与需求的深度融合，促进了双方在目标上的高度契合。与工业企业技术人员、采购负责人、质量评估专家等核心成员共同参与，通过面对面的沟通和交流，解决以往在信息传递过程中可能出现的偏差。尤其是在涉及原料的个性化要求时，座谈能够帮助双方澄清各种细节问题，特别是一些难以通过书面文档或远程沟通完全传达的信息。这种深入的互动沟通方式，能够帮助产区公司在第一时间识别工业企业的急需方向，为后续的生产计划和技术安排提供明确的指引。需求确认之后，还需对收集到的工业需求信息进行整理、分析，特别是烟叶的品种选择、风味特性、上部烟与中部烟的比例、收购等级等要求。通过对工业企业的需求信息的分析，不仅能了解其所需原料的具体特性，还能清晰地识别出每个品牌的原料调配方案及配方的具体要求。这些需求信息为后续的烟叶生产方案提供了坚实的基础，使得定制化生产能够做到精准、灵活地调整生产计划，以确保最终生产的烟叶完全符合工业企业对原料的高标准、高质量要求。工业企业可以实时反馈所使用烟叶的表现，商讨可能存在的质量问题和需要改进的地方，及时调整生产方案和技术路径，使烟叶定制化生产在多个生产周期中逐步优化和完善，真正实现了生产与需求之间的高效协同。通过这样的双向沟通和反馈机制，不仅保证了原料供给质量的持续提升，还提升了双方的合作信任度和共同发展的潜力。

（三）定目标

在烟叶定制化生产中，基于对工业企业需求的全面理解，组织相关专业人员，将工业企业的原料需求转化为具体的开发目标和农艺措施。这一过程至关重要，因为它不仅要求在技术层面上符合工业企业的生产要求，还要考虑到实际操作中的可行性，并充分评估目标的市场适应性。全面考虑工业企业在风味、香气、化学成分等方面的要求，如一些高端卷烟品牌可能对香气的复杂性、浓郁感以及余味的顺滑度有较高要求，而另一些卷烟品牌则可能更注重烟气的柔和性和口感的平衡。这需要通过细致分析，明确不同品牌对烟叶的独特需求，并将这些需求精确转化为具体的农业生产目标，如烟叶的烟碱含量、糖分比、香气挥发性等指标。

目标的制定不仅要聚焦原料的感官特性，还要结合具体的栽培条件和技术实施的可行性。这意味着所制定的目标必须与产区的生态特点和生产条件相匹配，或通过引进适宜的育种技术、改良栽培管理或调整种植时间来弥补气候条件的不足。技术实施的可行性也是关键，尤其是在较为复杂的定制化生产中，是否能够将先进技术应用到实际操作中，需要结合产区的资源、技术水平以及操作人员的能力等因素进行评估。

在确定具体目标的过程中，还要考虑市场需求的变化，特别是在行业趋势和消费者偏好的转变下，市场对烟叶的需求可能出现波动或升级。因此，目标的合理性不仅要建立在工业企业需求的基础上，还需具有灵活性，能够适应市场变化，与工业企业保持紧密沟通，确保目标的调整能够及时回应市场的反馈，保证生产计划的准确性和稳定性。

目标的合理性与可操作性是成功实施烟叶定制化生产的基础。为了确保目标的实现，需建立一套完整的技术和管理体系（图6-4），从育苗、移栽到施肥、病虫害防控等各个环节，细化具体的操作措施。这些措施需要根据目标进行相应的调整和优化，同时加强各级管理人员和技术人员的培训，确保每个生产环节都能精确落实到位（图6-5）。此外，生产过程中要结合现代农业技术，如智能化灌溉系统、精准施肥技术等，提高生产效率和资源利用率，从而实现高质量的烟叶供应。通过科学、合理的目标设定，工商企业能够高效实施定制化生产，确保原料质量稳定供应，进一步提升烟叶产业的整体效益和市场竞争力。

图6-4　烟苗井窖式移栽打孔和定根水浇灌

图6-5　扎实做好抗旱保苗工作

二、及时开展"三评"

即共同评定年度生产技术方案、共同组织开展中期田间鉴评、共同组织开展烟叶样品评吸。通过"三评"工作，实现工商企业的全程参与，共同诊断、纠偏、评估定制化开发工作的效果、质量，并适时提出改进方向，既体现了定制生产工商过程管控，又倒逼了技术方案执行质量的持续提升。

（一）工商企业共同评审年度生产技术方案

在定制化生产的初期阶段，工商企业与产区公司共同评定年度生产技术方案，确保方案的科学性和可行性。通过定期的座谈、研讨和技术交流，双方充分讨论并明确技术指标、管理措施以及操作流程。这一阶段的目标是确保各项技术要求与工业企业的需求紧密对接，明确烟叶的种植品种、种植区域、栽培技术、质量标准等内容，为整个生产过程奠定坚实的基础。共同评定的过程不仅有助于提高技术方案的科学性和针对性，还能充分利用各方的专业优势，提高方案的实施效果。

（二）共同组织中期田间鉴评

在烟叶生产中期，针对烟叶的生长情况、质量状况，产区公司与工商企业共同组织专家进行中期田间鉴评。田间鉴评的目的是对烟叶的生长状态、管理效果、病虫害防治等方面进行实地考察，及时发现潜在问题，并提出改进措施。这一环节能够帮助生产方实时掌握烟叶的生长动态，发现生产过程中可能的偏差，确保在关键生产节点时，烟叶的质量能够达到预期要求。通过中期鉴评，产区公司能够根据专家反馈及时调整种植和管理措施，从而最大程度提升烟叶的品质。

（三）共同组织专家对开发烟叶进行专业评吸

烟叶采收后进行专家评吸是确保烟叶质量符合工业企业需求的核心环节。通过组织评吸专家对烟叶样品进行专业评定，能够综合评估烟叶的外观、香气、味道、烟碱含量等感官质量指标。评吸的结果直接影响后续的收购决策和定制生产的质量调整，评吸环节的实施确保了烟叶质量的稳定性，并能及时发现质量不符合标准的部分。通过定期的样品评吸，产区公司可以更清晰地了解工业企业对原料的具体要求，并根据评吸反馈对技术方案进行进一步的优化和调整。

三、严格落实"三考核"

通过联合开展生产督查考核，检查验收定制化生产技术方案落实质量。通过收购期间组织工商联合检查，考核定制化烟叶收购质量，保证烟叶收购等级质量符合工业要求；通过年终的座谈反馈，联合考核年度烟叶定制化生产合作质量，评估评价年度烟叶定制化开发情况，以此实现定制化生产的闭环管理，形成工商全程参与、供需互动紧密、信息沟通顺畅的工商合作模式。

（一）生产督查考核

生产督查考核是确保定制化生产技术方案落实的基础环节。在此阶段，产业链上下游相关人员，包括烟草公司、工业企业以及技术专家共同参与对烟叶生产过程的检查，重点评估定制化生产技术方案的执行质量。这不仅包括对种植、施肥、病虫害防治等农艺措施的检查，还涵盖对烟叶栽培技术、管理方案和技术改进的落实情况。通过这种联合检查机制，能够确保每一项技术措施都得到实施和验证，及时纠正可能出现的问题，从而保障烟叶生产的高质量进行。

（二）烟叶收购质量考核

在烟叶收购环节，工商联合检查是确保烟叶收购质量符合工业企业要求的重要手段。通过对烟叶收购质量进行严格评定，确保每一批次烟叶的质量和等级符合工业企业的标准。检查的内容通常包括烟叶的外观、色泽、湿度、成分以及烟碱含量等重要指标，确保收购的烟叶符合卷烟生产的原料要求。此举不仅保证了烟叶的质量稳定性，也为后续加工和生产提供了可靠的原料保障。同时，工商企业和产区公司在此过程中加强沟通和合作，确保各方对收购标准和执行情况有清晰的理解，进一步促进供需双方的紧密互动。

（三）年度烟叶定制化生产综合考核

年度座谈反馈环节是评估定制化生产工作的重要路径。每年产区公司与工业企业联合举行座谈，全面评估年度烟叶定制化生产的成果与问题。这一环节不仅涉及对生产技术的总结与改进，还重点关注产业合作中的难点与痛点，确保问题能够在第一时间得到解决。座谈会上，工业企业可以详细反馈其在烟叶使用过程中遇到的具体问题，如质量偏差、产量不稳定等，同时，产区公司也会分享生产过程中出现的挑战，讨论如何进一步提升生产效率和质量。通过这种机制，定制化生产的每一个环节都得到了有效评估和改进，为下一年度的生产计划提供了数据支持和优化方向。

通过联合开展的督查、收购质量考核以及年度座谈反馈，不仅形成了一个高效的生产与质量监管体系，还进一步巩固了供需双方的长期合作关系，确保了信息的流通与透明。定制化生产闭环管理的核心在于通过多方参与、信息共享和质量反馈，及时发现问题、纠正偏差并进行持续改进。通过这一闭环管理机制，烟叶定制化生产可以在每一环节中进行动态调整，不断优化生产过程、提高生产效率，并确保工业企业的质量需求能够得到充分满足。最终形成的这一工商全程参与、供需互动紧密、信息沟通顺畅的合作模式，极大地推动了烟叶定制化生产体系的完善与优化，也为整个烟草产业链的高质量发展提供了强有力的支撑。

第三节　技术优化上聚焦"两提两控两不少"

影响烟叶风格特色和内在品质的因素繁多，如何全面考虑并有效操作是一项挑战。在烟叶定制化生产过程中，组织了专业人员，坚持问题导向，通过综合分析研判，优化筛选 1～2 个关键指标，并有针对性地开展技术攻关，以实现烟叶生产水平的提升，提高烟叶供给质量，实现烟叶定制化生产的精准突破。举例来说，根据近 3 年来工业企业的质量反馈和开发实践，贵州烟区在技术开发方面主要围绕"两提两控两不少"展开工作，旨在提高烟叶的质量和产量，减少生产成本，同时避免对环境造成不良影响。

一、两提

即提高有机肥施用量，提升烟叶品质。针对不同工业企业需求，坚持品牌导向和问题导向，采取针对性技术措施，解决土壤有机质偏低等问题，采取种植绿肥、规模化应用商品有机肥等措施，提高土壤的有机肥投入量，改善土壤理化性状和生物性状，为持续稳定土壤肥力，提升烟叶品质打下牢固基础。主要体现在以下 4 个方面。

（一）绿肥种植

绿肥作物是通过植物本身的生长和死亡，为土壤提供丰富的有机物质，进而改善土壤结构和肥力。贵州大力推广绿肥种植，尤其是在山区，通过种植如紫花苜蓿、油菜、红苕等具有固氮能力的作物，增强土壤的有机质含量，并有效改善土壤物理、化学和生物特性。绿肥作物通过其深根系在土壤中扎根，能够增加土壤的通透性，防止土壤板结，使空气、水分能够更好地渗透到根系区域。这不仅能改善土壤的水分保持能力，还能提高土壤的肥料利用效率。绿肥还能够固氮，为烟草生长提供稳定的氮源，减少对化学肥料的依赖，从而降低生产成本，并减少环境污染。此外，绿肥植物在生长周期结束后通过翻耕，为土壤提供丰富的有机物质，进一步提升土壤的有机质含量。通过这种轮作或间作模式，可以在不增加土地负担的情况下，有效提高土地的可持续利用率。

（二）商品有机肥规模化应用

商品有机肥是提高土壤有机质的另一重要手段。推动商品有机肥的规模化应用，补充土壤有机质，增强土壤肥力和水分保持能力。有机肥通常由农作物残渣、动物粪便和植物堆肥等多种天然有机物制成，含有丰富的营养元素（如氮、磷、钾等），有助于改良土壤结构和提供烟叶生长所需养分。与化学肥料相比，商品有机肥具有更长效的肥料供应效果，能够缓慢释放养分，避免了过度施肥对环境的负面影响。同时，商品有机肥能够增强土壤的微生物活性，促进土壤生态系统平衡，提高肥料利用率。通过推广商品有机肥，确保烟叶获得稳定的养分供应，同时提高了烟叶的品质，尤其在减少农药和化肥残留方面起到了积极作用。

（三）科学施肥与精准管理

在烟叶定制化生产中，精准施肥技术的实施至关重要。依托土壤检测技术和农业专家的指导，针对不同土壤类型和烟叶生长需求，合理设计施肥方案。通过科学施肥，能够根据烟叶生长周期，精确掌握肥料的种类和施用量，有效减少浪费和环境污染。根据烟叶生长状态调整施肥方案，确保肥料的高效使用，最大化提升烟叶质量。此外，智能化施肥系统的引入，能够通过传感器实时监控土壤的养分含量，根据土壤的实时需求调节施肥量，避免肥料过量施用。智能化施肥不仅提升了施肥效率，也进一步减轻了环境负担，有助于实现烟叶生产的绿色发展。

（四）生态农业与环境保护

通过降低对化学肥料和农药的依赖，积极推动农业生态环保技术，如生物防治、物理防治等，减少农药对环境的污染，提高土壤的生态环境质量。这有助于保持土壤的健康与活力，确保烟叶的绿色、无污染生产。通过这些绿色农业措施，不仅优化了烟叶的生产环境，还提升了烟叶的绿色品质。随着消费者对绿色、健康产品的需求增长，贵州的烟叶生产模式得到了市场的高度认可。

通过绿肥种植、商品有机肥的规模化应用和科学施肥等综合措施大幅提升土壤质量和烟叶品质，不仅增强了烟叶的抗病性和适应性，也为烟农带来了稳定的收入来源。此外，优化的土壤管理和绿色生产方式提升了烟叶产业的可持续发展能力，为未来烟叶产业的长远发展奠定了坚实基础。不断深化农业绿色发展理念，烟叶生产不仅在质量上得到提升，也在环境保护和资源利用方面迈出了重要步伐，为全国乃至全球烟草产业的绿色转型提供了宝贵经验。

二、两控

上部烟叶烟碱偏高问题一直是烟叶种植中的一个关键难题，尤其对于高端卷烟品牌来说，烟碱的控制直接影响卷烟的口感、香气以及消费者的吸食体验。烟碱的含量过高，往往会导致烟叶的风味过于刺鼻，影响烟草的柔和感与口感的细腻性。因此，精准调控上部烟叶的烟碱含量，对于提升烟叶的综合品质，确保符合工业企业的要求至关重要。

（一）优化肥料配方

土壤中氮、磷、钾等营养元素的合理配比对烟叶的生长和品质有着重要影响。在烟叶生产过程中，过量的氮肥施用会导致烟株生长过旺，尤其是上部叶的生长异常，容易导致烟叶贪青、晚熟，从而影响烘烤过程中的质量表现。通过科学优化肥料配方，可以有效调节氮、磷、钾等肥料的使用比例，特别是降低氮肥的施用量，控制烟株的生长速率，避免因氮肥过量而导致的烟叶过于嫩绿、烟碱积累过多的问题。通过与土壤检测及烟叶生长监测数据相结合，农技人员能够根据烟株不同生长阶段的实际需要，调整肥料施用方案。

(二)严控施氮量

氮肥是烟叶生长过程中的关键营养元素,但其过量施用会导致烟株的过度生长,特别是对上部叶的影响尤为明显。烟碱的积累与烟株的生长速度密切相关,氮肥过多会促进烟叶的生长,使烟碱在上部叶的积累增加,导致烟叶味道过重、刺激感强。因此,控制施氮量是解决上部叶烟碱偏高问题的关键。通过智能化控制技术,可以实现精确施氮管理。根据不同的土壤肥力、气候条件以及烟叶的生长周期,科学合理地控制氮肥的施用量。采用"低氮、高钾"的施肥策略,既能避免氮肥过量带来的负面影响,又能保持烟叶的生长势,促进烟叶在后期的成熟。

(三)优化施肥方式

施肥方式也对烟碱含量有显著影响。现代的精准施肥技术通过土壤传感器、滴灌系统等手段,使肥料能够直接精确地输送到烟株根部,减少肥料的浪费与过量施用。这种方式不仅能提高肥料的利用效率,还能通过分期施肥,确保烟叶在不同生长阶段得到适宜的养分供给。分阶段施肥可以使氮肥在烟叶的生长初期提供足够的营养支持,但在烟叶成熟期则减少氮肥的使用,避免烟叶因过多的氮素积累而导致烟碱含量过高。智能灌溉系统和精准施肥技术的结合,可以通过实时监测土壤养分情况和水分需求,动态调整施肥量,从而实现对烟碱含量的精准控制。

(四)精细化管理

精细化管理措施同样至关重要。打顶与抹杈是控制烟株生长方向、确保上部叶均匀发育的重要技术措施。通过合理控制打顶的高度和时间,可以抑制烟株的过度生长,避免上部叶生长过旺,进而有效控制烟碱含量。抹杈是去除烟株上不必要的枝杈,集中烟叶的养分供给,有助于确保上部烟叶的品质,避免烟碱过度积累。通过优化打顶和抹杈的管理,不仅能提升烟叶的整体质量,还能减少烟叶的过度生长,从而达到控制烟碱含量的目的。

三、两不少

聚焦山地"中棵烟"开发目标,通过合理密植、缩短移栽周期、精准把控移栽节令和因地制宜科学推广不同移栽技术,提高烟苗早生快发质量,提高烟叶田间整齐度,确保烟株田间长势,打顶株高不低于 1.2 米、留叶数不少于 18 片。

(一)合理密植

密植不仅要考虑到土壤的肥力、气候条件,还要根据烟叶品种的生长特性、烟区的自然条件等因素合理布局。通过科学设计种植密度,确保每株烟苗都有足够的生长空间,避免密集种植导致的营养竞争、通风不良及病虫害传播。合理密植可以最大限度地提高单位面积的产量,同时保证每株烟苗有充足的养分支持,保障其健康成长。对于山地"中棵烟",合理密植有助于烟株根系的充分生长,增加土壤水分和养分吸收能力。避免过度密集导致的养分浪费,同时又能通过合理密度充分利用土地资源,最终提高烟叶的品质和产量。

(二)缩短移栽周期

缩短移栽周期对于烟苗的快速适应新环境至关重要。在移栽过程中,烟农需要确保烟苗从育苗阶段到移栽阶段的过渡顺畅,避免移栽过程中对烟苗的过度损伤。通过采取先进的育苗技术,如漂浮育苗(图 6-6)、温湿度精准调控等,可以确保烟苗在短时间内适应不同的土壤和气候条件,快速进入生长阶段。缩短移栽周期的关键是提高烟苗的早期发育能力,使其能够尽快适应土壤环境并稳定生长。

图 6-6 烟草漂浮育苗日常管理

(三)精准把控移栽节令

移栽节令对烟苗的生长有重要影响。不适宜的时机移栽可能导致烟苗出现长时间的适应期或生长缓慢。因此,精准把控移栽节令,选择气候条件最适宜的时机进行移栽至关重要。基于气象数据和土壤条件,可以选择在温度和湿度最适合烟苗生长的时段进行移栽,避免因温差过大或水分不足造成烟苗生长不良。此外,精准把控移栽节令还能避免恶劣天气对烟苗的影响,如避免在暴雨、寒潮等极端天气条件下进行移栽,这样可以减少因气候不稳定导致的烟苗生长停滞或死亡现象。通过气候预测和经验积累,选择最佳移栽时机。

(四)因地制宜科学推广不同移栽技术

因地制宜推广移栽技术,如使用高垄栽培、覆膜技术等,可以有效提高土壤保温性、保湿性,避免水分过度蒸发,保持烟苗水分供应。高垄栽培技术可以有效改善山地的排水性能,同时增加土壤深度,帮助根系更好地扎根。覆膜技术则能够保持土壤温度,减少蒸发,防止干旱对烟苗生长造成的压力。这些技术不仅能提高烟苗的早生快发质量,还能减少环境因素导致的生长不均匀,提升整个烟区的烟叶质量和产量(图6-7)。

图6-7 遵义市绥阳县万亩烟地起垄覆膜

第四节 管理推动用好"一图一表一报告"

在实施定制化开发管控过程中,不仅要做到工商互动紧密、供需信息顺畅,更要实现上下同欲、标准统一、步调一致。在具体实施过程中,形成"一图一表一报告"的定制化生产工作落实机制。

一、一图

"一图"即定制化生产的实施方案和具体执行路径。在工商企业共同制定定制化开发实施方案之后,产区公司需要将这一方案具体落实为一份清晰明确的施工图。这张图表将详细展示定制化生产的各项工作任务、时间节点、责任人和执行步骤。施工图的制定要注重技术精简、措施精准,确保每个环节都能清晰可见、易于理解。在制定施工图的过程中,产区公司需要与县(区)、站点、片区等相关部门进行充分沟通和协调,确保方案的落实得到各级部门的支持和配合。此外,施工图也需要进行全员宣传和培训,确保每位相关人员都清楚了解工作任务和执行流程,掌握操作技能,做到层层传导,人人参与,从而形成上下一致、齐心协力的局面。这种"一图"的机制不仅可以帮助管理者更好地把握定制化生产的全局,也能够让执行者清晰了解自己的工作任务和责任,提高工作的执行效率和质量。同时,通过定期的评估和反馈,还可及时发现问题和改进方案,保证定制化生产工作的顺利推进和持续优化。

二、一表

"一表"即关键技术执行跟踪表,遵循 SMART 原则,市(州)公司管理主体将定制化生产关键技术核心要点、执行标准以最简单的形式表格化,适时组织工业企业对照表格开展督查检查,以此追踪定制化生产关键技术落实到位率,跟踪、督促、评估定制化生产关键技术标准执行质量,是定制化生产管理中的重要工具之一。它以最简单的形式将定制化生产的关键技术核心要点和执行标准表格化,符合 SMART 原则(具体、可衡量、可实现、相关性、时间限定),以便更好地监督和跟踪关键技术的落实情况。在制定"一表"时,市(州)公司管理主体需要明确确定关键技术的要点和标准,确保其具有可操作性和可衡量性。"一表"中的内容应该包括关键技术的具体要求、执行标准、责任人、完成时间等关键信息,以便于执行者清晰了解任务和落实情况。"一表"的制定不仅有助于落实关键技术的执行,也为督查检查提供了依据和参考。定期组织工业企业对照"一表"开展督查检查,可以及时发现问题和不足,针对性地进行改进和调整。通过追踪和督促,可以提高关键技术的落实到位率，确保定制化生产的执行质量和效果。关键技术执行跟踪表的建立和使用，有助于形成有效的监督管理机制，提升定制化生产的执行效率和质量。同时，它也为相关管理者提供了直观、清晰的数据参考，帮助他们更好地了解工作进展情况，及时做出调整和决策，推动定制化生产工作向着既定目标持续发展。

三、一报告

"一报告"即定制化开发年度工作报告，在完成年度烟叶定制化生产工作后，尤其是在工业企业开展烟叶质量反馈后，以单元为基础开展定制化开发工作总结，并形成系统总结报告，认真总结定制化开发好经验、好办法、好模式，既实现了闭环管理，又推动了持续改进。这一报告的目的是对定制化生产工作进行全面而系统的总结，包括工作的进展情况、取得的成绩、存在的问题和不足以及改进措施。报告应当客观、准确地反映实际情况，突出重点，并形成可操作的建议和改进方向。在报告中，需要认真总结定制化开发过程中的好经验、好办法、好模式，将成功的经验和做法进行归纳和总结，以供今后工作参考和借鉴。同时，对于存在的问题和挑战，需要提出针对性的解决方案和改进措施，为下一阶段的工作提供指导和支持。定制化开发年度工作报告的编制和提交，有助于形成定制化生产的闭环管理机制。通过及时总结经验教训、提出改进措施，可以不断优化工作流程，提升工作效率和质量。同时，报告也为相关管理者和决策者提供了全面的信息，帮助他们更好地了解工作情况，做出科学决策，推动定制化生产工作不断向前发展。

第七章　烟叶定制化生产取得初步成效

自"十三五"末以来，贵州始终坚持"市场至上、品质制胜"的烟叶经营理念，围绕工业企业个性化需求，聚焦原料供给能力提升，实施供需双侧发力，联合工业企业，大力实施定制化生产，取得了显著成效。

第一节　定制化生产规模持续扩大

自2020年以来，全省累计实施烟叶定制化生产65万亩以上、调拨定制化烟叶128万担。随着定制化烟叶生产体系的日渐成熟，烟叶定制化生产得到更多工业企业认可，定制化规模快速增加。2022年贵州定制化开发规模54万亩、89.46万担，并与湖南、河南、山东等9家工业企业在全省8个市（州）、22个县、28个基地单元开展高可用性上部烟叶开发；2023年，烟叶定制化开发规模大幅提升，达81.1万亩、116.3万担，参与定制化生产的工业企业数量达到14家，定制化生产在全省9个市（州）、27个县、38个基地单元全面展开。通过实施烟叶定制化生产，有效解决了上部叶烟碱含量偏高、烟叶风格弱化和供给质量不够高等问题，增强了客户信心，工商合作更积极，促成了定制生产规模持续扩大。从定制化生产覆盖比例来看，相比2020年，实施烟叶定制化生产后的烟叶调拨规模、实施面积、覆盖县（区）数量、实施基地单元数和参与客户数量均大幅增加，分别从2020年的1.3%、3.8%、10.0%、14.3%和27.8%增加到2023年的26.7%、45.5%、48.3%、56.7%和77.8%。其中典型代表是贵定县，通过贵烟基地高可用性上部烟叶开发，打造了"摆金"高甜感烟叶品质特色，提升了摆金基地单元区整体生产水平，为贵烟高遵等高端品牌发展做好了高甜感上部烟叶储备（图7-1、图7-2）。

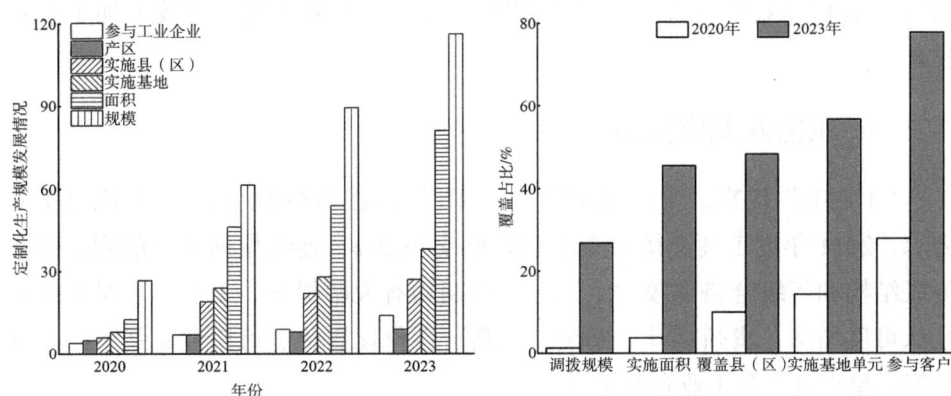

图 7-1　贵定县烟叶定制化生产规模发展及覆盖比例变化情况

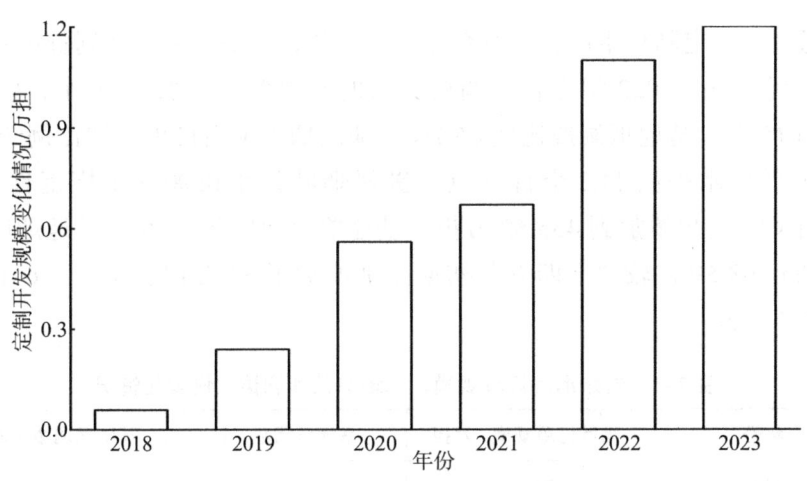

图 7-2　贵定县烟叶定制开发规模变化情况

第二节　烟叶供给质量持续稳步提升

通过烟叶定制化生产开发，贵州烟叶供给质量得到了稳步提升。首先，定制生产开发提高了烟叶的可用性，从而使烟叶入仓比例提升；其次，通过国内、国际客户的定制生产，烟叶资源的互补性得到提升；最后，通过定制化生产，符合工业质量等级的烟叶均可收购，从而拓宽了烟叶使用等级。

烟叶资源利用效率提升，实现了烟叶资源利用率最大化，有效增加了农户收入。

一、供需匹配度提高

"十四五"以来，贵州烟区的上等烟比例均在 70% 以上，100% 满足工业需求，2021 年度工商交接检查等级合格率 86.3%，连续位列全国前列。烟叶等级结构和等级合格率较"十三五"初期均有大幅提升，工业客户对贵州烟叶认可度增加，贵州烟叶"安全性更高、性价比更优、可用性更强"的烟叶品牌形象得到更多工业企业认可。

二、工业对基地单元建设更加重视，单元数量大幅增加

通过烟叶定制化生产，工业企业对单元建设更加重视，计划资源更多向基地单元倾斜。2022 年全省有调拨关系的基地单元增加到 60 个，较 2019 年增加 15 个，基地烟调拨比例 65.2%，基地烟占国内订单计划比例 75.4%，较全国平均水平高 11.2 个百分点。贵州烟叶订单市场有了恢复性发展，2023 年烟叶订单增加到 435.62 万担，基地单元增加到 67 个，基地烟调拨比例增加到 68.5%，较"十四五"初期分别增加了 53 万担、18 个、6 个百分点（表 7-1）。

表 7-1　贵州烟叶订单规模、基地单元和调拨比例变化情况

年份	烟叶订单规模/万担	基地单元数/个	基地烟调拨比例/%
2020	382.61	49	62.0
2021	416.61	54	64.0
2022	434.02	60	65.2
2023	435.62	67	68.5

三、拓宽了烟叶调拨等级

2022 年江苏、山东、湖南、贵州等工业企业在 7 个基地单元实现全收全调，定制化生产单元实际烟叶调拨等级范围增加 3 个、烟叶资源利用率提高 3.2 个百分点，提高了单元烟叶资源利用率。

第三节　贵州烟叶配方地位持续巩固

通过多样化的定制化开发，贵州烟叶在全国卷烟品牌配方中的影响力不断增强，服务范围持续扩大。贵州在高可用性上部烟叶、优质中部烟叶、单等级调拨烟叶和特殊香型区域烟叶等领域进行了深入探索，开发的多类型烟叶广泛应用于不同类别的高端卷烟品牌配方中，为满足卷烟工业的个性化原料需求提供了有力支持。具体而言，高可用性上部烟叶以其香气浓郁、燃烧性好、协调性强的特点，成为高端品牌的重要原料；优质中部烟叶则以其稳定的物理特性和出色的感官质量，为多类型卷烟品牌提供基础支撑。此外，单等级调拨烟叶的精准供应满足了卷烟品牌对一致性和高品质的严格要求，而特殊香型区域烟叶以其独特的风格彰显了贵州山地烟叶的生态优势，专供特定的高端卷烟品牌，进一步巩固了贵州烟叶的核心配方地位。与此同时，贵州还注重生态烟叶的开发，专为高端卷烟品牌打造高品质、环保型烟叶原料。这不仅满足了卷烟品牌对香气层次感和燃烧舒适度的高要求，也提升了贵州烟叶的市场附加值。随着配方结构的不断优化，贵州烟叶在全国范围内逐步实现从数量型供给向质量型供给的转变，成为推动卷烟工业高质量发展的重要支撑力量。

通过持续优化种植技术、深化工商协作以及强化质量管控，贵州烟叶已逐步构建起"特色品种＋生态特色＋定制化服务"的独特优势，为全国烟叶行业探索出一条具有前瞻性的高质量发展路径。

第四节　烤烟种植综合效益稳步增加

2022年，烤烟种植在全面推行现代农业技术与定制化生产模式的基础上，综合效益实现了稳步提升。通过单元化管理和技术创新，烟叶的质量、产值和种植效益均有显著改善，为烟农收入增长和区域经济发展提供了强劲支持。

一、经济效益对比

（一）整体效益提升

1. 上等烟比例

烟叶整体收购上等烟比例达到 75.13%，而定制化生产单元的比例进一步提升至 76.3%，比整体水平高出 1.17 个百分点。这一提升得益于定制化生产模式下的精细化管理和严格的质量把控。通过精准栽培技术、分级收购和严格的田间管理措施，确保烟叶达到更高质量标准，特别是在外观、成熟度和化学成分协调性等方面优于常规生产。上等烟比例的提升直接提高了单担烟叶的市场价值，同时也增强了区域品牌的市场竞争力。

2. 收购均价

烟叶整体收购均价为 1 521 元/担，而定制化生产单元的均价达 1 547 元/担，高出整体均价 26 元。这一差距主要来源于工业企业对高质量烟叶的需求增加，以及定制化生产单元通过技术创新和精细化管理提升了烟叶质量，满足了高端卷烟品牌的原料需求。均价的提升直接为烟农带来了更高的收入，也为区域经济发展注入了更强的动力。同时，高均价为继续推进定制化生产提供了有力支撑。

3. 亩均产值

烟叶种植的亩均产值为 3 946 元，而定制化生产单元则达到了 4 071 元/亩，增幅约 3.2%。这种增幅主要归功于以下因素：一是定制化生产技术的推广应用，提高了单亩烟叶的质量；二是精准的技术服务和科学的田间管理，减少了病虫害和气候不利因素的影响；三是烟农通过参与定制化生产，获得了更多的技术支持和政策扶持。这不仅反映了经济效益的增强，也表明烟叶种植正在向高质量、高效率的方向转型。

（二）烟农收入提升

烟农户均收入为 9.5 万元，而定制化生产单元的烟农户均收入达 10.2 万元，增加了 0.7 万元，增幅约 7.4%。这说明定制化生产单元的高质量烟叶在市场中具有更高议价能力。在工商联合支持下，烟农在生产过程中获得了更科学的技术指导和更可靠的市场保障。同时，政策补贴和收益分配机制的完善，也为烟农创造了更稳定的收入来源。烟农收入的稳步增长有助于提升烟农的生活水平,促进农村经济的发展。同时,这种增收效应对吸引更多烟农参与定制化生产、实现可持续发展具有重要意义(图7-3)。

图7-3 烟叶定制化生产助力烟农增收致富

二、驱动效益提升的关键因素

(一)定制化生产的引领作用

定制化生产单元通过精准对接卷烟工业需求,在品种选择、栽培管理、质量管控等方面采取更高标准的措施,确保了烟叶的高品质和高价值。

1. 精准对接工业需求

定制化生产以卷烟工业企业的原料需求为核心,量身定制生产计划,从品种选择到栽培技术再到质量管理都严格按照工业标准执行。这种全流程对接方式显著提升了烟叶的适配性和工业应用价值。

2. 强化品牌支撑

定制化生产单元以满足高端品牌的个性化需求为目标,提升了烟叶的市场地位。通过严格控制关键指标如烟叶成熟度、化学成分比例、外观质量等,为高端卷烟品牌提供了稳定、优质的原料供应。

3. 提升市场竞争力

定制化生产模式提高了优质烟叶的比例,增强了区域品牌的竞争优势,并形成了稳定的供需链条,有效促进了烟叶的价值最大化。

(二)技术创新与推广

大力推广精细化栽培技术,包括集中漂浮育苗、精准施肥、绿色防控、科学采烤等,提升了烟叶的综合质量,优化了单元内的产量和收益。

1. 精细化栽培技术

通过集中漂浮育苗、精准施肥、绿色防控和科学采烤等技术,定制化生产单元实现了对烟叶生长过程的全方位优化。这些技术不仅提升了烟叶的产量和质量,还降低了病虫害和不利气候的影响,确保烟叶品质的一致性(图7-4)。

图7-4 定制化生产推进烟叶生产技术优化

2. 生态友好型技术推广

绿色防控措施的实施,如利用生物农药和天敌防治技术,有效减少了化学农药的使用,提升了烟叶的安全性和生态价值,为可持续发展打下坚实基础。

3. 全环节质量管理

定制化生产单元在每个环节都设立技术规范,如在采收环节推广适熟采收技术,在烘烤环节优化工艺参数,确保了从田间到仓储的质量提升。

(三)政策支持与管理优化

政府及烟草企业的政策支持在保障价格稳定和资源优化配置方面发挥了

重要作用。此外，单元化管理模式的推广，进一步规范了种植和收购流程，减少了烟农的市场风险。

1. 政策保障

政府和烟草企业提供了多项政策支持，包括价格保护、技术服务和专项补贴，稳定了烟叶市场，提升了烟农收益，确保了烟农烟叶生产的积极性。

2. 单元化管理模式

单元化管理通过规范种植区域、优化收购流程和加强质量监控，有效降低了生产和销售过程中的不确定性。该模式的推行，使烟农能专注于生产，降低了市场波动带来的风险。

三、区域经济与社会效益

（一）农村经济振兴

烤烟种植为农民提供了稳定的经济来源。种烟户均收入的提升，显著改善了农村家庭的生活质量，增强了农民的抗风险能力。此外，烟叶税收的稳定增长，也为地方政府提供了重要的财政收入支持，助力地方公共服务和基础设施建设。烤烟产业链的延伸（包括烟叶收购、加工、流通等环节），激活了区域经济循环，为相关行业提供了发展机会。例如，烟草机械制造、农业科技服务和物流运输等配套产业的繁荣，进一步拉动了区域经济的整体发展。

（二）就业机会创造

烤烟种植涉及的耕种、田间管理、采收和烘烤等环节，为大量农村劳动力提供了就业岗位，尤其在农闲季节，为农民增加了务工机会。烤烟产业链下游的加工厂、仓储物流企业，以及与烤烟相关的农业服务机构，也创造了许多间接就业机会。特别是在种植规模较大的区域，烤烟产业成为吸纳农村剩余劳动力的重要途径，缓解了城乡就业压力。随着定制化生产技术的推广和应用，烟农和相关从业人员在技能培训中受益，逐步实现职业转型，成为农业产业链上的技术型劳动者，为未来农业现代化发展奠定了基础（图7-5）。

图 7-5 烤烟生产吸纳农村剩余劳动力就业转型

(三)环境与生态效益

通过大力推广绿色防控技术,减少了化肥和农药的使用,不仅降低了生产成本,还有效保护了土壤和水源。如采用生物农药和有机肥替代化学农药和化肥,大幅减少了污染物的排放。改良烟田土壤结构,增强土壤肥力,实现了可持续耕作。同时,绿色烟田建设的推进,促进了生态系统的修复,为长期农业生产提供了保障。烤烟种植区域通过发展生态种植模式,将农业与环境保护相结合,打造"生态烟田"。绿色发展理念的实施,不仅让农田增产增效,还改善了农村生态景观,增强了区域的环境承载能力,为乡村振兴提供了良好的生态基础。

第五节 工业企业对贵州烟叶认可度提升

通过烟叶定制化生产试点示范,工业企业对贵州烟叶原料保障信心增强,对定制开发的烟叶供给质量更加信赖,部分工业企业还出台了支持定制化生产的专项政策。例如,2022 年贵州中烟下达 5 000 担专项计划专门用于调拨定制化生产烟叶,其中贵定县 2 000 担、惠水县 3 000 担。2022 年 9 家工业企业参与贵州烟叶定制化生产,较"十三五"末增加 6 家。通过烟叶定制化生产，贵州烟叶原料供给能力明显提升，供需匹配度持续提高，贵州山地生态烟叶"安全性更高、性价比更优、可用性更强"的品牌形象更加凸显，烟叶市场核心竞争力明显增强。

随着烟叶定制化持续深入推进和供给质量提升，工业客户合作意愿增强，推动了烟叶定制化生产不断走向更高层次水平，仅2023年，工商企业高层领导互访交流中，定制化生产100%纳入合作议题，与7家重点卷烟工业企业达成包括定制化生产在内的战略合作协议。

第六节 工商合作层次水平提升

随着烟叶定制化生产的持续深入推进和供给质量的稳步提升，工业客户对烟叶的需求更加多样化，且对原料质量的要求不断提高。这一过程中，工业企业的合作意愿显著增强，不仅增强了烟叶定制化生产的市场吸引力，还推动了产业链各方共同努力，提高了烟叶供应的稳定性和质量标准，从而使烟叶定制化生产不断迈向更高层次。

2023年以来，贵州烟叶定制化生产的实践得到了显著的发展，工商企业之间的互访与交流活动愈加频繁。这些交流活动不仅限于行业经验的分享，还积极推动了烟叶定制化生产技术的创新和优化。定制化生产的议题逐渐成为合作中的核心议题之一，标志着产业合作的深化和技术标准的提高。尤其是与7家重点卷烟工业企业的战略合作协议的签署，进一步巩固了烟叶定制化生产在贵州烟叶产业中的地位。通过这些合作协议，双方在原料的个性化定制、技术支持、质量提升等方面进行了深入交流和合作。这些协议的达成，不仅加强了工业企业对贵州烟叶定制化生产的信任，也推动了双方合作模式的创新，使得定制化生产模式得到了更为广泛的应用与推广。为促进定制化生产的持续提升，贵州积极组织了多场次的座谈会、田间鉴评和烟叶样品评吸活动。这不仅为工业企业与产区公司提供了直接的沟通平台，还通过现场的反馈和交流，帮助各方更好地理解工业企业的需求，优化烟叶的栽培管理和技术方案。这不仅提升了烟叶生产过程中的技术透明度，也促进了双方在生产目标、质量标准等方面的精准对接。开展了工商研原料技术部门共同参与的定制化生产座谈会42场次，田间鉴评16场次，极大地提升了产区与工业企业之间的互动频次和深度，使烟叶生产和质量控制能够更好地满足客户的需求。技术人员和农业专家全程共同参与，深入探讨了如何根据不同卷烟品牌的要求进行烟叶的个性化栽培和生产，提出了更加科学的栽培技术和管理措施。这些成果不仅有助于提高烟叶质量，还能够根据季节、气候等因素的变化调整生产策略，确保每个生产环节的高效执行。此外，还开展了开发烟叶样品评吸活动21场次，为工商企业提供了更为直观的感官评估反馈，对不同批次的烟叶样品进行全面评定，从而更好地把握烟叶的香气、口感、烟气等关键品质指标，进而精确调整生产流程和技术管理。这一系列的评吸活动为确保定制化生产的高质量供应提供了有力的技术保障，进一步推动了产业链的协同发展。

通过以上一系列深入的技术交流、评估和反馈，烟叶定制化生产在贵州逐渐进入了新的发展阶段。随着各方合作的深入，烟叶定制化生产的技术壁垒逐步被突破，烟叶质量的稳定性和一致性得到显著提升，产业协作的深度与广度不断加大。定制化生产不仅为贵州烟叶的高端市场供应奠定了基础，也推动了整个烟叶产业的高质量发展和创新升级（图7-6）。

图7-6　工商合作开展田间鉴评及烟样现场评吸

第八章 定制化生产存在的问题及策略

第一节 定制化生产存在的误区

经过多年的努力实践,贵州烟叶定制化生产取得了较好成效。但在高质量推动落实的过程中,也存在一些误区、问题和困难。

一、"新瓶装旧酒"

部分产区在实施烟叶定制化生产时将其简单视为对工业企业订单的应对手段,没有深入理解其本质的差异化、精细化需求。例如,这些产区缺乏对工业企业个性化需求的深度对接,未积极响应企业提出的质量改进意见,导致定制化生产形式化而未真正落实。定制化生产的目标应在于创新生产方式,以满足卷烟企业对高品质、特定风格的烟叶需求,但部分产区依然延续传统的管理模式和技术手段,存在"新瓶装旧酒"的现象。这种传统观念下的低层次执行,使得定制化生产缺乏实质性的突破性举措,仅限于应付任务,缺少有效落地措施,未形成真正的高效生产体系。

二、重点不突出

在烟叶定制化生产技术方案的制定上,部分地区方案缺乏聚焦,面面俱到,无法有效满足卷烟企业的个性化需求。例如,一些产区将定制化生产视为传统生产的简单延伸,而未从需求导向、品牌定位、问题解决等方面精准把握。对于工业企业的具体需求,往往未能形成独特的差异化方案,使得在方案执行中缺乏针对性、无法凸显重点。这一误区使定制化生产方案在执行时效率低、效果差,未能抓住企业需求的关键点,导致生产质量提升空间有限。在实践中,未能针对具体品牌、风格和客户群体需求进行精准改进,影响了整体生产的水平和效果。

三、定制即创新

一些管理人员误以为定制化生产的核心在于不断创新科研、推广新品种或新技术，但忽视了生产服务的品牌和客户需求导向，导致偏离定制化生产的实际需求。定制化生产的初衷是满足特定品牌和客户的差异化需求，但部分人员只专注于推行新技术或新产品，而忽略了客户对烟叶香气、质量的一致性要求。这种误解容易使生产计划偏离服务的重心，过分追求技术创新，反而忽略了生产的稳定性和一致性，可能导致烟叶质量波动、成本增高，甚至偏离卷烟企业的实际需求。

四、反馈即问题

在某些情况下，烟叶生产部门将工业企业的反馈视为生产缺陷或问题，而不是看作产品改进的依据。这种思维导致部分产区对工业反馈未能从改进生产的角度积极响应，错失了优化生产的机会。正确的反馈机制应能让定制化生产从反馈中不断优化，增强烟叶的市场适应性。然而，误解反馈即问题的观点导致部分管理人员和技术人员未充分理解反馈的重要性，甚至在流程中回避或忽视反馈，使得定制化生产偏离了其初衷。

第二节 定制化生产存在的问题

在3年多的烟叶定制化开发实践中，贵州烟叶定制化开发取得了显著成效，但同时也面临一些亟待解决的问题。

一、原料风格特色解读不充分

原料风格特色解读不充分是一个突出的问题。贵州烟区分布在喀斯特山区，各烟区小区气候独特，导致不同区域的烟叶风格存在显著的差异。在定制化开发实践中，尽管大多数工业企业对贵州烟叶进行了深入研究并应用较好，但也存在部分企业对于贵州特定区域的烟叶风格评价不一致、解读不清晰的情况。特别是在自身品牌中的应用定位不清晰、不突出、不全面，这成为影响定制化生产水平提升的关键因素之一。

为解决这一问题，可以采取以下措施：一是深化烟叶风格研究。进一步加强对贵州烟区不同小区气候和土壤条件的研究，全面了解各个小区的烟叶风格特点，为工业企业提供更准确的原料信息。二是加强工业与烟区合作。建立更加紧密的工业与烟区合作机制，通过座谈、调研等方式，加深企业对烟叶风格的理解，确保在定制化开发中更好地体现地域特色。三是制定统一标准。在定制化生产中，建立统一的标准和解读原则，明确不同地域烟叶的特色和应用范围，使工业企业能够更清晰地理解和应用。四是加强品牌定位。鼓励工业企业在自身品牌中更加明确和突出地体现贵州烟叶的特色，通过品牌定位的清晰性，提高烟叶的市场竞争力。通过这些可以促进工业企业对贵州烟叶的风格特色有更深刻的认识，使定制化生产更好地反映当地烟叶的独特之处，提升产品的质量和竞争力。

二、定制化开发体系有待深化应用

在烟叶定制化开发的实践中，建立了一套初步的定制化生产管理体系，但随着更多工业企业的加入和原料个性化需求的增加，这一体系是否能够满足所有工业企业的定制化生产需求，仍需要进一步验证和持续优化。特别是在技术集成方面，需要针对不同区域、规模和客户需求进行持续优化和完善。

为深化定制化开发体系的应用，可采取以下措施：一是提高灵活性和适应性。定制化开发体系需要具备灵活性和适应性，能够根据不同工业企业的需求进行调整和优化。通过灵活的流程设计和管理机制，使体系能够适应不同企业的特点和需求。二是持续验证和反馈。针对定制化开发体系的各项措施和流程，需要建立持续的验证和反馈机制。通过对实际生产情况的监测和评估，及时发现问题和不足，并加以改进和优化。三是优化技术集成。根据不同区域、规模和客户需求的差异，持续优化技术集成方案。加强与科研机构的合作，引入前沿技术和创新理念，提升定制化生产的技术水平和竞争力。四是管理标准化和规范化。建立定制化开发的标准化和规范化管理体系，明确各项流程和操作规范，提高工作效率和质量稳定性。通过建立标准化的管理手册和培训体系，确保各级人员对定制化开发体系的理解和执行。五是信息共享和协同合作。加强工业企业之间的信息共享和协同合作，形成良好的合作生态系统。通过共享成功经验和技术成果，推动整个行业的定制化生产水平不断提升。通过以上措施的实施，可以进一步深化定制化开发体系的应用，使其能够更好地满足工业企业的需求，提升烟叶定制化生产的效率和质量，推动行业向着更加智能化、高效化和可持续化发展的方向迈进。

三、定制化开发质量有待提升

在烟叶定制化生产中,其质量提升至关重要,尤其在满足个性化需求方面。与工业企业相比,农业定制化生产面临着作业时间和空间开放性的不确定性,这增加了定制化生产的复杂度和难度。因此,如何保证定制化生产的输入与输出高度吻合,是烟叶定制化生产中亟待解决的问题。

建议从以下 5 个方面提升定制化开发质量:一是加强数据沉淀与分析。建立完善的数据收集和分析系统,对烟叶生产过程中的关键数据进行沉淀和分析。通过对生产数据、质量数据、环境数据等进行深入分析,发现问题和不足,并及时采取措施进行调整和改进。二是进行长周期跟踪研究。为了更好地了解烟叶生长发育的规律和特点,需要建立长周期的跟踪研究机制。通过对烟叶生长全过程的跟踪观测和研究,掌握烟叶生长的规律性和变化趋势,为定制化生产提供科学依据和技术支持。三是强化质量管控措施。加强定制化生产全过程质量管控,建立科学的质量评价体系和标准。采取严格的质量监测和检测手段,确保烟叶生产的各个环节符合质量要求,提高产品的质量稳定性和一致性。四是加强技术支持与培训。提供定制化生产技术支持和培训服务,帮助农户和工业企业提升生产技术水平和管理能力。通过组织培训班、技术交流会等形式,分享成功经验和最佳实践,推动行业技术水平的提升和创新能力的增强。五是建立健全的生产反馈机制。及时收集和整理用户和市场的反馈意见和建议。根据反馈信息,调整和改进定制化生产的方案和策略,不断提升生产质量和用户满意度。通过以上措施,进一步提升烟叶定制化生产的质量水平,增强企业的竞争力和可持续发展能力,推动烟叶产业向着更加科学化、智能化和可持续化的方向发展。

第三节 定制化生产面临的困难

一、定制需求信息传导协调难度大

(一)信息传导流程概述

烟叶定制需求信息的传导主要包括了解需求、响应需求、设计方案和执行落实几个关键步骤（图8-1）。这个流程从最初的需求确认到最终的方案实施，涉及多个步骤和层级，需要确保每个环节准确传递信息。每个步骤中的需求传达都需明确，以便在各层级的反馈中逐步优化，最终使生产与市场需求高度契合。

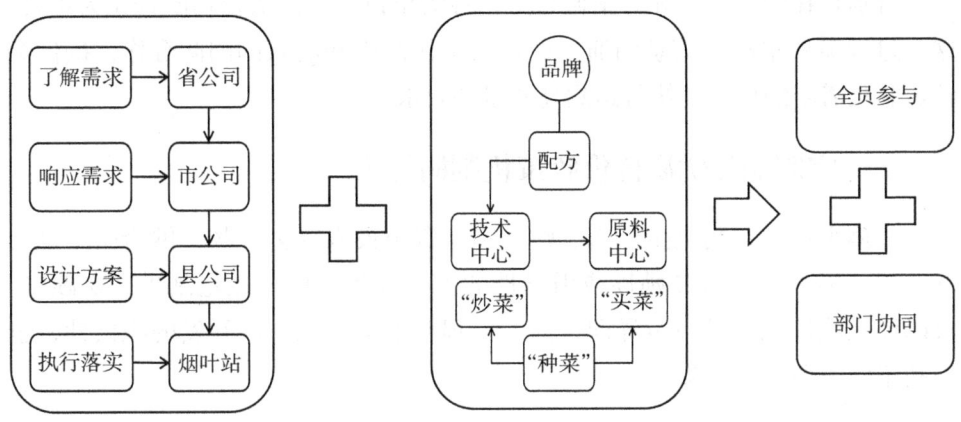

图8-1 烟叶定制需求信息传导流程

（二）部门间多层级传递

烟叶定制需求的传导需在不同层级之间协调。从省公司、市公司、县公司到基层烟叶站，信息在每一级传达过程中需要得到细化和精准化。省级公司收集各地烟叶需求，统筹需求匹配与生产布局；市公司负责区域内协调和细化操作方案，而县公司及基层烟叶站则具体落实定制化生产的各项要求。各级单位必须做到上下协同，确保信息不偏离，以准确、迅速地回应卷烟品牌的定制需求。

（三）工商研协同机制的协调需求

定制化生产需要烟草工业企业、商业公司和研究机构（工商研）三者的密切协同。具体来说，各卷烟企业的技术中心根据品牌配方需求向烟叶原料部门提出具体要求，这些需求随即进入传导链条。每个技术中心可能拥有不同的卷烟品牌和原料需求，通常会根据市场需求变化频繁调整，这需要工商研之间定期的沟通和协作，以确保各需求得到及时响应和调整，满足客户的个性化需求。

（四）全员参与与协同难点

在定制化需求传导过程中，所有相关部门和人员的高效参与是确保需求信息传导顺畅的关键。由于涉及的部门多、层级广且需求复杂，协调难度较大。特别是在响应速度和方案调整上，各级单位和部门的密切配合尤为重要。这一过程需要精准的信息沟通、稳定的工作流程和高效的团队合作，确保烟叶定制化需求的传导和执行达到高质量的要求。

二、定制烟叶优质优价政策机制构建难

总体来看，定制化生产人、财、物等资源投入要多一些，供给质量也会好一些。但目前没有鼓励性或引导性的价格政策，使得在定制生产实践中，难以体现优质优价的政策导向，这一定程度上会影响产区开发的积极性，也不利于保护烟农的利益。

第四节 贵州烟叶定制化生产方向

一、构建完善农商复工（烟农、商业企业、复烤厂、工业企业）全员参与的烟叶定制化经营体系

回顾近几年的烟叶定制化生产，在实际合作中，更多的关注和精力主要放在烟叶生产收购的环节，对于定制化生产烟叶的复烤加工模式、工艺、标准等方面的探索实践不多。因此，在下一步的烟叶定制化生产实践中，贵州将在持续完善基于卷烟品牌原料需求的烟叶原料定制化生产技术体系的基础上，推动烟叶定制化生产的工商合作向复烤加工、烟叶醇化、模块配方设计等方面延伸发展，着力构建起覆盖烟叶开发利用全程、全链、全域的定制化生产技术管理体系，打造新型工商供给模式，助力品牌发展。

（一）明确经营体系目标

确定建立明确的烟叶定制化经营体系目标，并制定相应的策略和计划，包括明确农商复工各自的角色和责任、协商建立合作框架和机制等。

（二）建立沟通渠道和协作平台

协商建立农商复工沟通渠道和协作平台，以促进信息共享、资源整合和业务流程优化，可以通过定期会议、在线平台、工作坊等方式进行沟通和协作。

（三）提供必要的培训和技能提升机会

为参与烟叶定制化经营体系的各方提供必要的培训和技能提升机会，包括烟叶种植、加工、质量控制和市场营销等培训，以提高专业技能水平和工作效率。

（四）建立监督和评估机制

建立监督和评估机制，对烟叶定制化经营体系的运行和效果进行监测和评估，可以通过建立指标体系、开展定期评估、收集反馈意见等方式实现。

（五）健全激励机制

为参与烟叶定制化经营体系的农商复工各方建立激励和奖励措施，从奖金奖励、荣誉称号、技术支持等方面鼓励各方积极参与构建和完善烟叶定制化经营体系。

（六）强化政策保障

从政府和总公司层面出台支持烟叶定制化经营体系建设的相关政策，从而为烟叶定制化经营体系构建提供政策支持和方向引导，为其发展提供良好的环境和条件。

二、推动形成全国统一的烟叶定制化生产评估评价机制

有优质优价的政策，就需要有系统全面、科学合理、操作性强的烟叶定制化生产评估评价机制。一方面要求在后续定制化生产实践中不断地探索实践完善，形成经得住实践检验、工商共同认可、精准管用的烟叶定制化生产评估评价体系和运行机制。另一方面，要在充分论证的基础上，及时向行业有关部门汇报，争取支持，上升为行业普遍认同的评估评价体系，更好地指导烟叶定制化生产技术管理体系的推广应用，形成支撑供应链建设的软实力，助力烟草农业强国建设。

（一）制定评估评价标准和指南

首先需要制定全国统一的烟叶定制化生产评估评价标准和指南，明确评估评价的内容、方法和指标体系。制定这些标准和指南时应充分考虑不同地区、不同企业的实际情况，具有一定的灵活性和可操作性。

（二）建立信息共享平台

建立全国性的烟叶定制化生产信息共享平台，这些信息包括田间生产数据、烟叶质量信息和市场需求信息等，实现不同地区农商复工的信息交流和经验分享，促进统一评估评价机制的建立和发展。

（三）开展评估评价示范试点

在重点地区或企业开展烟叶定制化生产评估评价的示范和试点项目，总结经验，积累数据，为建立全国统一的评估评价机制提供参考和支持。

（四）强化技术培训

加强技术支持和培训，打造专业评估评价人才队伍，提高各地区、各企业的评估评价能力和水平，培训内容包括评估评价方法、数据分析技能等。同时，为了确保评估评价工作的公正、客观和及时进行，可组织专家对评价结果进行评审、定期检查和审核，构建完善的监管机制，并结合政府及总公司提供的政策、资金等相关支持，推动形成全国统一的烟叶定制化生产评估评价机制。

三、推动出台鼓励支持定制化生产的烟叶调拨价格政策

近几年的生产实践表明，烟叶定制化生产不仅可以创造农工商多赢局面，而且是提高烟草产业链供应链安全水平和韧性的有力抓手。因此，建议适时出台相关政策支持，体现定制烟叶的优质优价导向，这不仅是市场化取向改革的基础逻辑，更是引导、推动、牵引烟叶定制化生产持续发展、水平不断提升的原始动力。下一步继续深化烟叶定制化生产调查研究，适时向相关部门提出合理化意见建议，力争协同推动行业适时出台支持烟叶定制化生产的价格政策和激励机制，助力烟叶定制化生产的可持续发展。

（一）市场调研

从烟叶品质要求、产地偏好和价格敏感度等方面全面调研烟叶市场，为制定有利于烟叶定制化生产的烟叶调拨价格政策提供基础数据和市场动态分析。

（二）成本评估分析

对烟叶的种植、加工、运输等各个环节的成本进行分析和评估，包括人工成本、种植材料成本、生产设备投入、运输费用等，从而深入了解生产成本的结构和变化趋势，为确定价格政策提供依据。

（三）供应链结构分析

从烟叶种植、收购、加工和销售等环节详细分析烟叶的供应链结构，了解各环节之间的关系和利益分配情况，综合考量供应链各环节的利益诉求和合理利润空间。根据烟叶市场需求状况和生产成本，设计相应的价格机制，采取差别化定价、奖励机制和补贴政策等方式，鼓励按照工业企业的定制化需求种植烟叶，推动烟叶的定制化生产。

（四）政策制定

在政策制定过程中需要与烟农、复烤厂、工业企业等各方进行充分沟通和协商，协调各方利益，确保政策的可行性和有效性。同时，通过宣传和推广，让各方了解政策目标和具体实施方案。另外，建立政策实施效果反馈机制，及时发现问题和调整政策，确保政策的持续有效性和可持续发展。

四、构建全链贯通的烟叶产供销用一体的数据共享机制

数字化转型是国家建设战略，也是行业高质量发展的内在需要。在烟叶定制化生产和烟叶全生命周期管理中，实现全链数据共享意义重大。近年来，烟叶平台的上线推广，打通了行业烟叶流通数据通道，极大提升了烟叶流通追溯能力。但在生产数据和原料应用方面的数据共享仍存一些短板和壁垒。下一阶段，可以围绕烟叶定制化生产，着力构建完善农工商等不同经营主体之间数据采集、传输、共享机制，形成追溯完整、信息对称、精准映射的工商信息共享机制，努力为烟叶数字化转型作示范、走前列。

（一）统一标准和格式

统一数据标准和格式，包括数据命名规范、数据字段定义和数据交换格式等，以确保不同系统之间数据的兼容性和一致性。之后需要规范设计全产业链烟叶产供销用数据采集和整合流程，如数据来源、采集频率和方式等，建立数据整合的平台和机制，确保各个环节的数据能够及时、准确地汇总和整合。

（二）搭建共享平台

搭建安全、稳定、高效的数据共享平台，采用云计算、大数据等先进技术，确保数据存储、传输和处理的安全性和可靠性。加强数据安全管理，采取必要的措施确保数据的安全性和完整性，同时严格遵守相关法律法规，保护用户的个人隐私和商业机密。同时还需要制定数据共享的管理机制和规范，明确数据访问权限和使用范围，建立数据共享的奖惩机制，鼓励和促进各方积极参与数据共享。积极推动行业标准的制定和推广，促进行业内各方统一数据共享标准，同时争取政府和监管部门的政策支持，营造良好的数据共享环境。在搭建并运行烟叶产供销用一体化数据共享平台的过程中，应不断优化和完善数据共享机制，根据实际需求和技术发展持续升级平台和流程，确保数据共享机制的持续有效运作。

第九章　定制化生产典型案例

第一节　贵州中烟在贵定县的烟叶定制化生产

一、背景

自烟叶定制化生产以来,黔南烟草与贵州中烟联手,秉持着基地共建、品牌共创、多方共赢的理念,注重需求牵引,坚持供需双侧发力,深化工商协同,聚焦高成熟上六片开发、高油分中棵烟开发、高甜感适熟上部烟定制开发,构建完善基于品牌导向的需求识别、生产技术、质量评价体系,逐步构建卷烟结构、烟叶资源、配方使用整体协调的原料保障格局。同时,遵循"传统理念、创新技术、合作开发、绿色发展"原则,利用山地生态和技术集成优势,立足贵烟高端品牌,建立起符合贵烟高端原料个性化需求的生态烟叶生产技术体系,构建起品牌定位、区域定点、品质定性、技术定型、调拨定向的"定制化"开发模式。

省局(公司)立足于烟叶质量向品质转型,坚持品质第一;品质向品牌转型,以烟叶定制化生产为抓手,打造贵州山地清甜香、山地蜜甜香生态烟叶品牌;满足市场向引领市场转型,加大与工业企业技术中心紧密合作,深度挖掘品质特色。贵州中烟提出黔南州摆金基地要做到"增量提质"要求,推动区域稳定、风格稳定、质量稳定;定制开发彰显出黔南"摆金""贵定"烟叶风格品质特色,满足了贵烟高端原料个性化、差异化、生态化需求。同时黔南州委、州政府将烤烟产业作为全州五大传统优势特色产业之一,发挥烤烟产业在助农增收、巩固拓展脱贫攻坚成果同乡村振兴有效衔接中的作用,大力推动跨区域联合定制化烟叶开发,扎实推进烤烟产业的高质量发展。

二、基地共建

黔南州烟叶基地布局中结合区域生态特点和配套设施,围绕蜜甜香型风格特色,推进资源要素向核心烟区配置、向重点烟区倾斜;立足市场需求特点,以紧密型基地单元建设为抓手,大力开展定制化开发,实现区域布局的科学划分和协调统一,提升原料供应保障能力。全州"十四五"要建成1个单元区、3个重点县和6个紧密型烟叶基地,烟叶规模恢复25万~30万担。其中,黔南州的瓮安县、福泉市、长顺县作为重点县,瓮安县对接湖南中烟、福建中烟、云南中烟和上烟集团;福泉市对接河北中烟;长顺县对接广东中烟。摆金基地单元区对接贵州中烟。

2018年,按照区域生态一致原则,打破行政区域壁垒,建立以贵州中烟惠水县摆金基地单元为核心,辐射贵定县、平塘县、龙里县的生态集成、技术集成、设施集成的摆金基地单元区,确保规模和质量满足贵烟品牌原料需求。围绕增量提质构建"一区两定"的单元区发展布局,以挖掘"贵定"生态烟叶特色、以生态烟叶跨区域联合开发、以贵烟创新类品牌原料需求挖掘出高质感生态烟叶风格。在摆金基地单元区以打造"摆金"烟叶特色、以高可用性上部烟叶开发、以贵烟高遵品牌用叶特点打造了高甜感优质烟叶风格。

三、品牌共创

(一)摆金基地单元区烟叶定制化开发思路

摆金基地单元围绕贵烟品牌高端卷烟的原料需求,精准推进定制化生产,实现品牌、区域、品质、技术、调拨的全方位布局与优化。以品牌为核心,摆金基地单元明确服务目标,聚焦贵烟高遵和创新类高端品牌,按需精细化调整生产布局和策略;通过区域划定,根据生态特性规划贵烟高可用性上部烟叶和生态烟叶定制开发区域,确保资源配置精准到位;品质方面,解码烟叶质量特征,塑造"摆金"高甜感烟叶和"贵定"高质感风格,突出品质特色;技术层面,以生态区域为基础、质量靶标为导向,重构定制化生产技术管理体系,绘制清晰的实施"施工图",保障技术措施精准落地;调拨环节,搭建高效的产销加诚信互动平台,严格按贵烟品牌配方需求实施收调定向,并通过信息反馈机制优化供需对接,全面提升定制化生产效能。

（二）贵烟基地高可用性上部烟叶开发

2018年，黔南州积极参与贵州中烟、郑州烟草研究院合作开展"基于'贵烟'高端产品需求的优质上部烟叶技术研究与开发"项目。以典型区域优质高可用性上部烟叶为基础，研究贵州中烟对摆金基地单元区的高可用性上部烟叶的质量需求特征，重塑高可用性上部烟叶生产技术体系和管理模式，打造"摆金"高甜感烟叶品质特色。

1. 构建"养得熟、留得住、烤得香"的高可用性上部烟叶生产技术体系

"养得熟"是通过控施无机肥、增施有机肥，实行平衡施肥，加强田间管理，提高上部烟叶抗病性，在正常成熟的基础上延迟5～7天采收，充分养熟。"留得住"是要延迟采收、采收成熟度较好的烟叶，采烤完中部烟叶后，采取红飘带标记倒6叶示意停止采烤，待上部烟叶充分成熟后采取准采证制度，确保上部6片烟叶留得住。"烤得香"是利用促熟保香的烘烤技术，推广上部4～6片充分成熟后一次性采（砍）收，采取中温保湿变黄烘烤工艺，增加致香物质的形成和积累，使烟叶烤软烤亮烤香（图9-1、图9-2）。

图9-1 增施有机肥

图9-2 红飘带标记倒6叶

2. 构建"211"高可用性上部烟叶收调管理模式

在贵烟基地高可用性上部烟叶的收调过程中，为确保生产目标和质量标准达成，严格执行了一系列关键评估和规范措施。首先，大田阶段开展了两次田间鉴评，分别在打顶后 10 天和 30 天进行，依据田间鉴评评价标准，科学评估烟株长势长相，确定达标的烟田和农户名单。其次，在上部烟叶采烤结束后，组织了一次工业现场评吸，以专业感官评价方法综合评定烟叶质量，感官综合得分达 83 分以上的烟叶被视为质量达标。此外，结合田间鉴评和现场评吸的结果，工商双方共同制定了一套上部烟叶的收调标准，依据样品开展烟叶收调，确保收调工作精准到位，全面保障了贵烟基地定制化生产的质量和标准化水平。

黔南州摆金基地单元区建立了"贵烟"高端品牌需求的优质上部烟叶生产技术体系，田间烟株符合优质上部烟叶长势长相，烤后烟叶成熟度好，颜色橘黄，结构疏松，身份中等，色度强，油分多。感官评吸结果较好，蜜甜香型风格突出，香气质好，甜感突出。通过贵烟基地高可用性上部烟叶开发，打造了"摆金"高甜感烟叶品质特色，提升了摆金烟叶基地单元区整体生产水平，为贵烟高遵等高端品牌发展做好了高甜感的上部烟叶储备，定制化开发规模如图 9-3 所示。

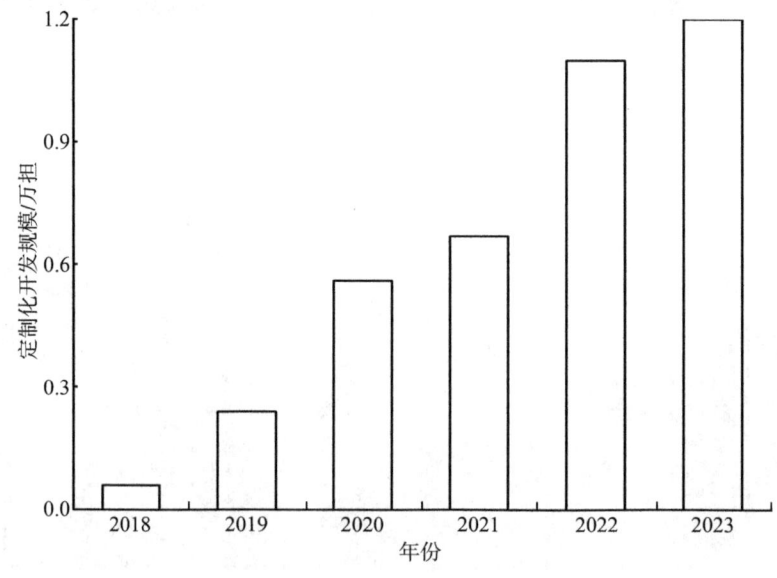

图 9-3 烟叶定制化开发规模

（三）"贵烟"高端原料"定"制化生态烟叶开发

2021 年，黔南州与贵州中烟、中国科学技术大学围绕贵烟创新类高端品牌原料需求，瞄准生态烟开发方向，开展"黔南山地特色区域烟叶产业定制化生产研究及产业振兴示范推广"项目合作，集成传统种植理念与现代技术，突显优质与高效结合，挖掘"贵定"高质感生态烟叶品质特色。贵烟高端原料定制化生态烟叶开发主要表现为五定，即"定品牌""定区域""定品质""定技术""定调拨"，同时以"六法"聚焦关键技术，实现烟叶品质的提升，这"六法"中"找"是通过追溯烟叶生产过程中的问题，总结并提高；"定"是在明确市场需求后，需要制定详细的定制化生产方案及关键措施；"突"是通过定制化生产来突出烟叶的质量和风格特色；"稳"是稳定烟叶的市场产能，并稳步提升烟农的产值；"降"就是在定制化生产过程中，轻简烘烤的方式，从而降低生产成本；"清"是定制化生产以绿色生产为主，保持清洁燃料烘烤。

2009年以来，贵定县开展有机烟种植探索，2011年获有机认证，烟叶质量进一步提升，烟叶特色进一步彰显，符合贵州中烟卷烟配方个性化需求，但因单产较低、亩产值不高，极大影响了烟农种植积极性。2016年、2017年结合生态烟种植，亩产值逐年增加，烟叶品质逐年稳定，贵州中烟两年综合评吸评分87.68分，但因国家计划政策性调整，种植规模不稳定（表9-1）。

表9-1 贵定县历年有机烟生产情况

年份	面积/亩	产量/担
2009	500	1 118
2010	500	1 250
2011	523	1 240
2012	500	983
2014	500	876
2016	4 370	10 397
2017	3 000	8 181

贵烟高端原料定制化生态烟叶产业发展经历了7个关键阶段。1939年，贵定县开始种植烤烟，是贵州烤烟发源地，享有"金黄粉底色鲜艳，柔润光滑细如绸"美誉。2009年贵定县依托自然资源，区域定点开始种植传统生态有机烟。2011年，有机烟叶得到南京国环有机产品认证中心有机产品质量认证。2016—2017年，烟叶质量特色经专家评吸"蜜甜香中透发醇甜感"风格

特色，可作高端原料储备。2021年，整县推进定制化生态烟叶生产，所产烟叶质量感官"黄、亮、软、香、净"，风格特色获得贵州中烟好评。2022年，以"贵烟"高端原料需求为导向，使烟叶品质特色和烟农效益持续提升。2023年，围绕"质量向品质，品质向品牌，满足需求向引领市场"转变，跨区域联合发展，持续巩固提升定制化生态烟叶成果。

1. 构建"传统方法、现代技术、绿色生态"贵烟高端原料定制化生态烟叶生产技术体系

传统方法就是传承堆制农家肥、烧火土灰、绿肥压青等贵定烟叶传统生产方式，提升土壤肥力，提升烟叶品质。传承堆制农家肥、烧火土灰、绿肥压青等贵定烟叶传统生产方式，稳总氮、减无机、增有机，有机肥与无机肥比达48∶52，提高生态烟鲜烟叶油分感和柔软性。现代技术是按照起垄覆膜、井窖移栽、合理密植、打叶留茎等现代技术组织生产管理，提高单株营养与群体结构的适配性，呈现山地生态中棵烟的长势长相。绿色生态是通过土壤保育、生态栽培、生物防治、绿色生产措施，提高烟叶品质和安全性（图9-4、图9-5）。

图9-4 堆制农家肥

图 9-5 起垄覆膜

2. 构建"121"贵烟高端原料定制化生态烟叶收调管理模式

在贵定县、福泉市和龙里县示范区的生态烟叶定制化生产过程中，围绕高质量原料保障目标，采取了一系列科学化、标准化的措施。首先，开展了一次工商研联合的生产技术座谈会，就种植品种、移栽密度、施肥标准、烟地规划、生产节令和长势长相等关键环节实现了"六统一"，为定制化生产奠定了技术基础。随后，组织了两次现场鉴定，分别包括专家田间鉴评和收购前的现场评吸。通过田间鉴评，划定了长势达标的烟田；通过感官评吸评价，明确了达标的收购站点，确保仅高质量烟叶进入定制化生态烟叶收购流程。此外，依据田间鉴评和现场评吸的结果，工商共同制定了一套定制化生态烟叶的收调实物样标准，严格按照样品进行烟叶收调。鉴评专家一致认为，这些示范区的烟株营养协调，个体发育充分，群体整齐一致，烟叶分层落黄、油分丰富，病虫害轻微；感官评吸结果显示香气质好，甜润感突出，烟气细腻柔和，呈现出典型的生态蜜甜香风格。经过5年的定制化开发，这些区域已成功建成一个生态烟叶定制化生产基地，做到品质彰显、基础牢固、规模稳定，为"贵烟"创新类等高端品牌的发展提供了稳定优质的原料保障（图9-6、图9-7）。

图 9-6 烟叶定制化生产技术座谈交流会

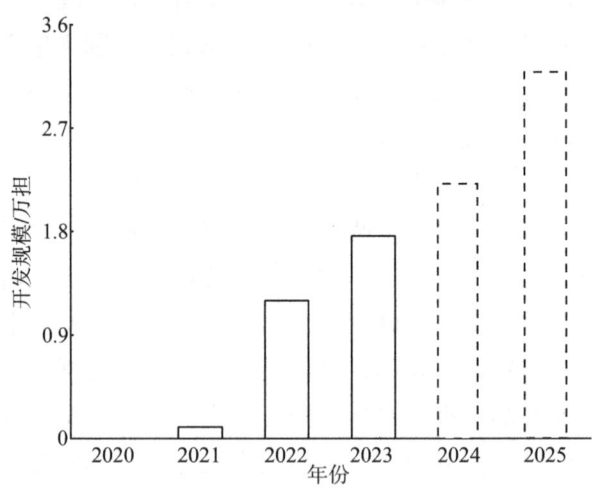

图 9-7 贵定县 2020—2025 年生态烟叶开发规模

四、多方共赢

(一) 品质提升

基于"贵烟"高端原料高可用性上部烟叶开发中,烟叶品质评价为感官评吸结果较好，蜜甜香型风格突出，香气质好，甜感突出。烟叶品质符合贵烟高遵等高端品牌高甜感原料个性化需求。"贵烟"高端原料"定"制化生态烟叶开发中，烟叶品质评价：香气质感好、甜润感增加、杂气和刺激性均降低、劲头适中、烟气更加细腻柔和，烟叶品质符合贵烟创新类高端品牌高质感的个性化、差异化、生态化原料需求。

（二）烟农增收

单元区烟农户均收入实现 3 年增，从 11.51 万元 / 户增加到 14.35 万元 / 户，增幅达 24.67%，如表 9-2。

表 9-2 2020—2022 年单元区烟农户均收入

项目	2020 年	2021 年	2022 年
均价 /（元 / 担）	1 452.52	1 522.95	1 607.28
收购量 / 万担	3.51	4.31	4.94
烟农户数 / 户	443	471	553
烟农户均收入 / 万元	11.51	13.94	14.35

（三）规模回升

产区烟叶种植规模逐年回升，如图 9-8 所示；贵州中烟调拨黔南烟叶计划逐年回升，如图 9-9 所示。

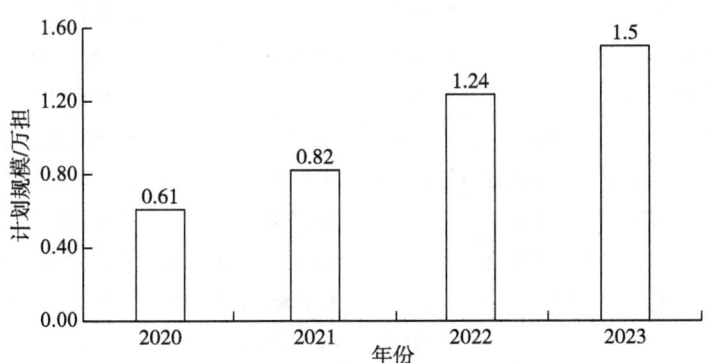

图 9-8　2020—2023 年贵定县烟叶计划规模

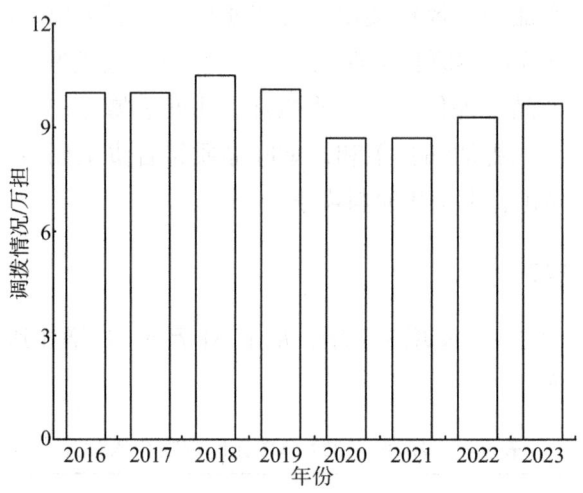

图 9-9　2016—2023 年贵州中烟黔南烟叶调拨情况

（四）工商互动

自 2019 年以来，多次举办工商互动活动，开展田间鉴评会、技术方案座谈会等，以促进烟叶定制化生产的实施，并针对具体目标，提出解决方案，表 9-3 为具体的工商互动活动。

表 9-3　2019—2023 年工商企业互动活动

年份	工商互动活动	实现目标	核心措施
2019	技术方案座谈会 田间鉴评会	增有机、减无机，科学打顶、合理留叶	烟地规划、合理轮作，品种管控等
2020	技术方案座谈会 田间鉴评会	增有机、减无机，科学打顶、合理留叶	烟地规划、合理轮作，品种管控等
2021	项目启动会、方案评审会、生产推进会、党建联建、烟叶鉴评、评吸等会议	增有机、减无机，密度控制，协调烟株营养平衡，科学打顶、合理留叶，提高烘烤质量等	烟地规划、合理轮作，增施有机肥、保证油枯用量，品种管控等
2022	方案评审会、生产推进会、党建联建、烟叶鉴评、评吸等会议	增有机、减无机，密度控制，协调烟株营养平衡，科学打顶、合理留叶，提高烘烤质量等	烟地规划、合理轮作，增施有机肥、保证油枯用量，品种管控等
2023	方案评审会、生产推进会、党建联建、田间鉴评会、烟叶评吸、技术培训等会议	增有机、减无机，密度控制，协调烟株营养平衡，提高烘烤质量等	烟地规划、合理轮作，增施有机肥、保证油枯用量，打顶留茎、合理留叶，降低烟碱含量，品种管控等

（五）政府重视

州委、州政府高度重视烤烟产业的发展，出台《黔南州人民政府办公室关于加强烤烟产业基本烟田保护的实施意见》，建成全州15万亩基本烟田保护区；重点烟区县委、县政府加大烟叶税返还政策、整合社会资金支撑烤烟产业发展；积极推进中贵定县、福泉市、龙里县3县（市）跨区域联合开发定制化生态烟叶生产。黔南州政府出台黔南州烤烟产业高质量发展三年行动方案，出台贵烟高端原料跨区域联合开发定制化生态烟叶三年行动方案。

（六）下步规划

"贵烟"高端原料3县（市）联合开发定制化生态烟叶三年行动发展规划，联合开发区域规模为2023年0.72万亩、1.76万担以上；2024年1万亩、2.2万担以上；2025年1.5万亩、3.3万担以上。摆金基地单元区内规划基本烟田保护区6.6万亩，配套烤房3 637间、育苗大棚72 080平方米、农机1 452台（套），配套机耕路366千米，建设烟叶收购站4个，服务点6个，可以满足2个烟叶基地、12万担左右的烤烟产业定制化规模生产。烤烟产业不仅是黔南州特色优势农业产业，而且是全国最大的订单农业。从目前全国烤烟生产形势来看，推行定制化生产是烤烟产业高质量发展的必由之路。只有围绕烟草企业需求，保证品质，不断推动质量向品质、品质向品牌、满足市场向引领市场"三个转型"，紧紧围绕"稳定并不断扩大烟叶市场订单、打造黔南烟叶定制化生产品牌"，形成全面推进"贵烟"高端卷烟原料定制化生产的强大合力。

第二节　湖南中烟的烟叶定制化生产
——韭菜坪二号的典型案例

湖南中烟在烟叶定制化生产中，确立了"品种为核心、生态为基础"的战略方向，充分发掘韭菜坪二号的生态优势，通过与贵州烟草部门深度合作，打造出高端卷烟品牌的重要原料基地。以韭菜坪二号为核心的定制化生产模式，不仅满足了工业企业对优质烟叶的需求，还为高端卷烟品牌的持续发展提供了强有力的原料保障。韭菜坪二号这一品种具有显著的生态适应性和独特的质量风格,其生产过程中通过科学的栽培技术和工业应用展现了品种优势与高端品牌需求的高度契合。湖南中烟积极探索基于该品种的个性化栽培技术,确保在不同气候条件和种植区域内均能稳定产出满足工业需求的优质烟叶。这种技术创新不仅提高了生产效率和烟叶质量,还强化了韭菜坪二号在市场中的竞争力。通过工业企业与地方烟草公司的紧密合作,构建起以韭菜坪二号为核心的烟叶生产技术体系和品牌支撑体系。韭菜坪二号烟叶凭借清甜香风格和优雅的感官特性,在"和天下""芙蓉王"等高端品牌的配方中发挥了重要作用,年均使用量达到 6.5 万担,成为高端卷烟产品风格质量的关键要素。

这为其他烟草企业探索烟叶定制化生产提供了宝贵经验。一方面,通过精准识别工业企业需求,制定科学的栽培和加工方案,可以实现品种与品牌的高效匹配。另一方面,深化工业企业与产区的协同合作,能够进一步推动烟叶产业链条的优化升级,从而助力产业高质量发展。韭菜坪二号的实践表明,特色品种的开发和推广是烟叶定制化生产的关键突破口,也是提升烟叶国际竞争力的重要路径。

一、品种特性彰显的生产价值

(一)品种来源

韭菜坪二号是贵州省烟草公司毕节市公司通过系统选育方法培育的烤烟新品种,源于烤烟品种 G28 的自然变异株。2009 年,该品种通过贵州省烟草品种审定委员会的审定,成为贵州主推的优质烤烟品种之一。品种选育以满足高端卷烟工业需求为目标,依托当地优越的山地生态环境,重点突出品种的香气风格和适应性。

(二)品种特性

韭菜坪二号作为贵州山地烤烟的重要品种,具有突出的生长特性、抗病能力和经济效益,外观与感官质量也达到了高端卷烟原料的严格标准。烟株筒形,结构紧凑,可采叶片数约为 21 片,叶片舒展性和厚薄适中,成熟度一致,便于集中采收和统一烘烤,从而节省人工与资源。品种表现出优异的分层落黄能力,采收与烘烤过程中烟叶质量稳定,次品率显著降低。韭菜坪二号耐旱性强,适应低温环境,尤其适合贵州复杂的山地生态条件。

在抗病性方面，该品种对黑胫病具有中抗能力，对气候斑病耐受性强，能够适应多变的山地环境；对青枯病和病毒病表现为中感，需结合绿色防控和优化栽培技术，进一步增强抗病稳定性。

韭菜坪二号的丰产性和稳产性显著优于 K326 和云烟 87，在保证高产的同时降低了生产成本，为烟农带来了较高的经济效益。其单产水平更符合工业企业和烟农的双重需求，成为烟农增收的重要保障。成熟叶片呈橘黄色，色泽鲜亮，油分丰富，结构疏松且弹性优良，在外观上符合高端卷烟的原料要求。感官方面，该品种以清甜香为主体，烟气细腻顺滑，香气浓郁而持久，复合性和纯净度优于 K326 和云烟 87。韭菜坪二号被广泛应用于湖南中烟的"和天下""芙蓉王"等高端卷烟品牌配方中，因其香气丰富、品质纯净受到高度青睐。

二、定制化栽培技术的探索与实施

湖南中烟在推广韭菜坪二号品种的过程中，始终坚持以品牌需求为导向，基于贵州独特的山地生态资源，与中国烟草总公司贵州省公司及科研机构深度合作，成功构建了一套科学、精准、高效的定制化栽培技术体系。这一技术体系不仅为品种的大规模推广奠定了基础，也充分彰显了生态、品种、技术三者协同发展的潜力。

（一）配套栽培技术

湖南中烟与合作单位联合攻关，围绕韭菜坪二号的种植需求，制定了一套科学精准的栽培技术体系。种植策略结合"个体调控与群体优化"，确保单株关键部位烟叶质量优良，同时通过合理密植和控高打顶，实现田间烟叶整体生长的高度一致性，为后续采收与烘烤提供了坚实基础。在施肥策略上，根据贵州山地土壤的特性，采取"早追钾肥、稳供氮肥"的模式，有效提升烟叶燃烧性和香气品质，避免过量氮肥造成的烟叶厚重感，从而增强烟叶的协调性与香气释放效果。

在病虫害管理中，大力推广绿色防控技术，采用物理防控、生物防控和生态调控等手段减少化学农药的使用。通过技术手段如灯光诱捕和天敌释放，精准应对青枯病、病毒病等高发病害，不仅保护了环境，还提升了烟叶的安全性和市场认可度。为了进一步保障烟叶品质，湖南中烟对采收和烘烤流程进行了标准化优化。采收阶段注重成熟度的精准把控，推行分批采收以确保上部叶的最佳采摘时机；烘烤阶段，依据韭菜坪二号的特性，优化烤房温湿度控制，最大限度保留烟叶清甜香风格，避免香气损失或成分失调，为高端卷烟品牌提供优质原料保障。

（二）技术体系的联合研发

通过多年的品系比较和技术试验，湖南中烟联合中国烟草总公司贵州省公司及多家科研机构，围绕韭菜坪二号品种的生态适应性和工业需求，开展了系统化研发，覆盖品种筛选、区域适配性试验、栽培技术优化以及工业可用性评价。凭借这些联合技术突破，自2013年起，韭菜坪二号率先在赫章县实现整县种植，标志着规模化推广的成功。在标准化栽培技术的推广支持下，该品种的产量、质量和稳定性均显著提高，成为湖南中烟高端品牌的核心原料之一。

以满足"和天下""芙蓉王"等高端品牌的需求为核心，韭菜坪二号从田间到工业的生产全链条实现了高效衔接。通过大面积种植、单品种分级复烤及针对性技术调整，确保了烟叶的风格在不同批次、不同年度之间的高度稳定性，不仅推动了赫章县烟叶产业的发展，还为高端卷烟品牌原料供给树立了典范。

三、韭菜坪二号烟叶的质量与风格

韭菜坪二号因其出色的外观、化学成分协调性和独特的感官风格，成为贵州高端烟叶的典型代表之一。以下从外观、化学成分、感官风格3个方面对其质量特点进行分析。

（一）外观质量

韭菜坪二号烟叶展现出高度一致的优质外观特征，充分体现了贵州山地生态资源对烟叶品质的独特塑造作用。该品种烟叶以橘黄色为主色调，成熟色泽鲜亮且均匀，彰显出极高的视觉品质。烟叶光泽度强，油分充足，赋予其细腻的质感，满足了高端卷烟品牌对烟叶外观的严格要求。此外，叶片组织疏松且弹性优良，既适合工业加工需求，又提升了烟叶在后期调拨和储存过程中的品质稳定性。韭菜坪二号烟叶的外观特性，成为其赢得高端卷烟市场认可的重要优势。

（二）化学成分协调

韭菜坪二号的化学成分协调性优异，为卷烟工业企业提供了稳定且高质量的调配原料。其烟碱含量适中，能够满足高端卷烟配方对满足感和吸食舒适性的双重需求。在总糖含量上，韭菜坪二号保持稳定，糖碱比显著高于毕节市其他主栽品种，这一特点增强了烟叶香气释放的层次感与丰富性。此外，韭菜坪二号的化学成分受生态环境和栽培技术波动的影响较小，多数年份在工业可用性指标上均能保持高度一致，为高端卷烟品牌的风格构建和一致性提供了强有力的支持。这种稳定性和卓越性使其成为卷烟工业信赖的重要原料选择。

（三）感官风格

韭菜坪二号烟叶以其丰富的香气、细腻的烟气和悠长的回味，成为高端卷烟品牌的重要原料。在吸食体验上，烟气清新飘逸，细腻顺滑，显著减少了传统烟叶中的杂气和刺激感，带来极高的舒适性。其香韵丰富，以干草香、清甜香、蜜甜香和清香为主，其中清甜香风格尤为突出，香气复合性与丰富性满足了高端烟叶的严格要求。在感官表现上，韭菜坪二号展现出"清、雅、悠、净"的独特特点，烟气清新细腻；香气优雅柔和，干草香与蜜甜香融合得恰到好处；香气婉转悠长，绵柔舒适，余味回甘；口感纯净无杂，吸食后生津回甜，令人感受到持久的舒适与满足。这种卓越的感官特性，使韭菜坪二号成为高端卷烟品牌在风格构建中的理想选择。

四、湖南中烟的工业化应用

湖南中烟在烟叶定制化生产的工业化应用中，以韭菜坪二号为核心原料，通过科学的调拨与加工、高效的配方开发和精准的品牌支撑，充分体现了定制化生产与高端卷烟品牌协同发展的强大潜力。

（一）调拨与加工

2020—2022年，湖南中烟累计调拨韭菜坪二号烟叶23.80万担，这些烟叶全部用于其高端品牌"和天下"和"芙蓉王"等产品的生产。这种全覆盖的调拨使用模式，确保了韭菜坪二号烟叶在高端卷烟品牌中的持续稳定供给，为品牌的风格构建和市场竞争力提供了可靠保障。在加工环节，湖南中烟采取了品种单独精选和单独复烤的策略。首先，实行严格的品种单独精选管理，避免不同品种混杂可能对韭菜坪二号烟叶独特品质和风格的影响。其次，在复烤环节采用独立的流程，通过精细化的温湿度调控和全面的质量检测，充分保留韭菜坪二号特有的香气、物理特性和加工适应性，为后续的卷烟生产奠定了优质原料基础。这些科学严谨的管理措施，彰显了韭菜坪二号在高端卷烟原料供给中的重要地位。

（二）卷烟配方中的作用

韭菜坪二号凭借其独特的清甜香风格和多层次的香韵，如干草香、蜜甜香等，为卷烟配方注入了丰富的主体香气，使产品的香气更加饱满、立体，其稳定的化学成分和高度协调的风格有效提升了卷烟整体的香韵层次，同时减少了烟气的刺激性，大幅增强了吸食的舒适感和满足感。此外，韭菜坪二号不仅在香气提升方面表现突出，还通过其柔和的烟气特性优化了整体口感平衡。在配方结构中，它更扮演着"骨架原料"的关键角色，为其他香型烟叶提供了融合与过渡的支撑。这一多重功能显著提升了高端卷烟产品的品质，深受市场青睐。

（三）高端品牌支撑

韭菜坪二号在湖南中烟高端品牌"和天下""芙蓉王"等1～4档卷烟中的配方使用比例稳定在5%左右，年均使用量高达6.5万担，为高端卷烟原料供给提供了强有力的保障。在这些品牌的质量风格构建中，韭菜坪二号凭借其突出的香气浓郁性、层次丰富性和口感细腻性，发挥了不可替代的核心作用。通过韭菜坪二号的定制化生产与高端卷烟配方的深度结合，湖南中烟显著提升了品牌在市场中的核心竞争力和价值认可度，为"和天下""芙蓉王"等品牌的持续发展与市场拓展注入了强劲动力，同时进一步巩固了企业在高端卷烟市场的领先地位。

五、发展与优化建议

在推进韭菜坪二号烟叶定制化生产的过程中，进一步深化技术研究、强化品牌协同、优化管理机制，是提升品种竞争力、保障高端卷烟品牌可持续发展的关键路径。

（一）深化生产技术研究

为进一步提升韭菜坪二号的抗病能力和技术体系，建议采用现代分子育种技术对其弱抗病毒病和青枯病的短板进行定向改良，通过基因编辑或引入优良抗性基因，提高品种的抗病性和环境适应性，为其稳定推广奠定坚实基础。同时，可探索生物防控与综合防治相结合的模式，利用益生菌、生物农药等绿色手段构建韭菜坪二号的全方位病害防控体系，减少化学农药的使用，提高烟叶的生态友好性。

此外，对现有栽培管理技术进行全面优化，完善精准施肥技术、打顶留叶标准以及采收与烘烤技术，确保生产效率与烟叶品质同步提升。在保留韭菜坪二号清甜香风格的基础上，进一步增强其香气量和协调性，使其化学指标和感官表现更贴合高端卷烟品牌的需求。针对不同区域的气候变化，制定区域化生产技术规范，提高技术推广的适应性和实用性，确保韭菜坪二号的优质表现能够在更广泛的生态条件下得以延续，为高端卷烟原料的持续供给提供有力支持。

（二）推进品牌协同创新

为推动品种创新与产业发展，首先要加强新品种的选育与推广，开展系统性的品种选育研究，将韭菜坪二号的育种经验扩展至其他潜力品种，形成"韭菜坪二号+N"的品种矩阵，推动品种创新体系建设。在推广过程中，需强化与工业企业的合作，通过试验示范和基地单元建设，确保从品种选育到推广应用的无缝衔接，打造更加稳健的品种应用平台。其次，要贯通从基因到品牌的产业链，建立以品种创新为核心的产业链协同机制，加强科研机构、地方烟草公司和工业企业的全方位联动，实现品种基因资源与品牌需求的精准对接。最后，通过推动品牌协同开发，充分发挥韭菜坪二号的生态优势和技术成果转化为品牌优势，深化其在"和天下""芙蓉王"等高端品牌中的应用价值，借助品牌溢价带动产业链收益增长，最终实现烟农增收、品牌提质与产业高效的多方共赢。

（三）构建绿色高效生产体系

聚焦生态友好型生产模式，推动绿色防控与高效管理技术的应用，减少生产过程中对环境的影响，增强产业的可持续性。同时，探索气候智能型生产技术，提高韭菜坪二号的抗逆性，降低气候变化带来的潜在风险。此外，在品牌推广方面，要充分挖掘韭菜坪二号的区域特色和生态优势，打造兼具质量、风格与品牌价值的独特原料品牌形象。借助区域生态特点与高端卷烟品牌资源，扩大韭菜坪二号的品牌影响力，推动其在全国范围内认知度的提升，并为贵州与湖南中烟的深度合作提供更多发展机遇。

（四）优化管理与服务机制

强化产业链的闭环管理，优化从生产到调拨的全流程，建立数据化、标准化的闭环机制，提升烟叶供需匹配效率。同时，加强烟叶质量追溯体系建设，实现从田间到工业的全过程透明管理。此外，构建人才和科技支撑体系，注重对栽培技术人员和生产管理人员的培训，打造一支高素质的专业队伍，并推进科技创新中心建设，为定制化生产提供强有力的技术支撑和研发保障。通过这些发展和优化措施，韭菜坪二号不仅能够更全面地满足高端卷烟品牌的原料需求，还将推动定制化生产的产业链协同发展，为中国烟草行业的高质量发展奠定坚实基础。

第三节 福建中烟："技术＋管理"推动黔南州定制化烟叶生产

福建中烟近年来在贵州黔南州通过"技术＋管理"模式，实施了"七匹狼"高端定制化烟叶生产项目。以"三早一优N配套"技术体系为核心，该项目通过技术创新与全环节管控，实现了烟叶生产质量的显著提升，为烟叶定制化生产提供了典范。

一、背景与需求

贵州黔南州得天独厚的生态环境，使其成为蜜甜香型烟叶的重要产区。然而，传统烟叶种植模式下，产区烟叶风格特征不够突出，上部烟叶烟碱含量偏高，枯焦气问题较为严重。这些问题限制了贵州烟叶在福建中烟"七匹狼"品牌配方中的使用率。为突破困境，福建中烟于2021年启动了"三早一优N配套"技术体系，探索提升烟叶品质的新路径。

二、实施路径

（一）不破不立的创新

在传统烟叶种植习惯的基础上，福建中烟因地制宜，提出通过"适早播栽、适早打顶、适熟采收"和优化烘烤工艺的技术路径，提升烟叶的外观与化学质量，减少上部烟叶的枯焦气和烟碱含量。黔南烟草主动作为，以此为契机，快速响应福建中烟的需求，开启了一场革新之旅。

（二）纵深推进的智慧实践

自 2021 年起，以瓮安县中坪村为试点，开展了上部烟叶烟碱含量与采收成熟度的试验，并优化了烘烤工艺。2022 年，试验范围进一步扩展至移栽和打顶环节，并结合土壤保育和精准施肥措施。福建中烟技术中心、原料采购中心与黔南烟草密切合作，全程参与从移栽到烘烤的各关键环节技术指导，确保试验方案的顺利实施。与此同时，黔南烟草总结出"四个提前"的管理经验，即提前准备、提前定施肥配方、提前推进各环节工作和提前抓技术培训，推动"三早一优 N 配套"技术在烟农中逐步获得认可，种植质量得到了显著提升。

三、核心技术措施

"三早一优 N 配套"体系旨在通过一系列科学措施提升烟叶质量。首先，"三早"措施包括早播栽，以促进根系发育并增强烟株抗性；早打顶，促进叶片干物质积累，从而提升烟叶的风格特征；早采收，避免后期细胞过密，提升烟叶的成熟度和光泽度。其次，优化烘烤作为"一优"措施，针对"三早"栽培出的高品质鲜烟叶，调整烘烤工艺，确保烟叶外观与内在质量的稳定性。最后，"N 配套"措施包括土壤保育、精准施肥和群体结构调控等技术，形成从田间管理到烘烤的全过程优化，进一步提升烟叶质量。

四、成效与亮点

（一）技术成效

技术应用取得了显著成效。首先，烟叶质量得到大幅提升，上部烟叶烟碱含量从 2021 年的 3.91% 降至 2023 年的 3.07%，化学成分协调性显著增强；中部上等烟清选的上选率从 2021 年的 33.91% 提升至 2023 年的 65.86%。其次，经济效益显著改善，烟农亩均收益提升至 4 601.42 元，定制化生产区域内农民信心大幅增强。最后，区域示范效应逐步显现，"三早一优 N 配套"技术应用面积从 2022 年的 0.2 万亩扩展至 2023 年的 2.16 万亩，并成功纳入蜜甜香烟叶标准化生产技术规程，成为区域内广泛推广的标准技术。

（二）管理成效

通过工商合作，黔南烟草与福建中烟形成了定制化生产的高效协作机制。双方通过方案共商、环节共管、质量共评、成果共享等方式，持续深化合作，推动贵州烟叶产业的提质增效。

五、发展与推广

（一）技术标准化

在黔南州，福建中烟的"三早一优 N 配套"经验被成功推广至全州蜜甜香烟叶生产区域，并在兄弟单位中形成示范效应。

（二）产业链协同

福建中烟计划将该技术体系扩展至贵州更多试验田和其他潜力产区，进一步巩固"七匹狼"品牌在高端市场中的原料优势。

福建中烟以"三早一优 N 配套"技术体系为抓手，通过科学管理和技术创新，助力黔南烟叶实现质量、效益和满意度的全面提升。这一典型案例不仅为烟叶定制化生产提供了可复制的经验模式，也为中国烟草产业的高质量发展树立了标杆。

第四节　黔南州烟草公司的烟叶定制化生产

一、背景概述

黔南州烟草公司始终坚持"市场至上、品质制胜"的生产经营理念，围绕高质量发展目标，立足"三个转型"发展思路，以需求为导向，提烟叶品质，强烟叶供给，把定制化生产作为黔南烟草农业现代化发展中发挥资源优势、挖掘品质特色、满足原料需求的重要载体，奋力推进烟叶原料供给与工业质量需求适配发展、合作共赢。作为贵州重点烟叶产区之一，黔南州在《烟叶生产经营3+1行动方案》的引领下，不断深化工业企业需求与烟叶供给的双向协同，聚焦高端品牌原料供给，为全国烟草行业发展树立了标杆。2023年，聚焦烟叶高质量发展主题，以推动烟叶"三个转型"为战略目标，紧盯烟叶定制化生产实施意见要求，黔南州落实定制化生产面积5万亩，占计划面积的60.67%，涵盖高可用性上部烟叶开发、生态烟叶生产、高端原料定制开发等多个领域，逐步构建起"三高、五共、五定"的合作模式，推动烟叶产业走向高质量发展新阶段。

二、烟叶定制化生产的认识转变

思想是行动的先导。黔南州对定制化生产的认识，经历了初步试验、全面探索、坚定推进3个阶段。

（一）初步试验阶段（2019年）

在主管部门提出优化烟叶供需结构的政策背景下，黔南州率先开展了高可用性上部烟叶的开发试点。依托基地单元建设，这一试点通过明确生产区域、优化技术布局和强化农工商协作，为定制化生产提供了早期实践经验。例如，黔南州与贵州中烟的合作中，重点开发适合高端品牌需求的上部烟叶，首次尝试将工业需求直接融入种植规划。此阶段，黔南州烟草公司对烟叶定制化生产的认识主要集中在满足工业企业对某些特定原料的需求，试点成效为后续的规模化推广奠定了重要基础。

（二）全面探索阶段（2021年）

随着全省"3+1行动方案"的发布，黔南烟叶定制化生产的试点范围进一步扩大，逐步从单一项目向多样化模式转变。除了满足贵州中烟的需求外，黔南州还开始对接湖南、福建等省外卷烟工业企业的个性化需求，逐步拓展定制化生产的地域范围和合作品牌数量。以项目为抓手，黔南州在这一阶段注重从供需两端发力。通过技术研发和种植管理优化，探索与工业品牌更深层次的合作。例如，通过"生态烟叶开发项目"和"山地特色烟叶提升项目"，黔南州不仅提升了高端品牌原料供给能力，还强化了定制化生产在区域经济中的示范引领作用。与此同时，试点经验的逐步积累让黔南州开始认识到烟叶定制化生产的核心在于明确品牌导向，服务于市场需求。

（三）坚定推进阶段（2023年）

随着行业发展形势的变化，黔南州进一步明确了烟叶定制化生产的战略定位。在贵州烟叶高质量发展座谈会上明确提出围绕"特色区域、特色品种、特色技术"深化工商合作。通过高端原料的规模化定制开发，黔南州坚定了推动"优势互补、互利共赢、共同发展"的信心与决心。在这一阶段，黔南州全面构建起了以品牌需求为核心的合作模式，逐步实现从满足原料需求到推动产业创新的转变。例如，黔南州通过与工业企业开展多轮座谈交流，不断调整和完善定制生产方案，并实现了技术的全程贯通和反馈机制的闭环管理。特别是"定制生产田间鉴评+质量评价+感官评吸"的模式，使定制化生产的规范性和科学性得到大幅提升。此外，黔南州还开始以科技赋能的方式进一步优化生产过程，结合现代化农业技术、信息化管理手段和传统经验的深度融合，确保烟叶定制化生产能够全面适应高端卷烟品牌的需求。这种从技术到机制的全面创新，标志着黔南州定制化生产已进入稳定、高效发展的新阶段。

2019—2023年，黔南州烟叶定制化生产经历了从试点探索到全面推广再到稳定推进的阶段性发展。这一过程不仅体现了政策引导下的产业调整和优化，也反映了黔南州在推动高质量发展的过程中不断深化实践和提升认知的主动性。未来，黔南州烟叶定制化生产将在满足市场需求的基础上，进一步优化资源配置，为推动全国烟草行业现代化发展提供更多创新样板。

三、探索创新路径

（一）立足"三高"目标，破解发展难题

坚持"市场至上、品质致胜"烟叶生产经营理念，围绕现代化发展要求，按照需求抓生产，立足"高标准、高要求、高质量"发展目标，着力破题定制化生产。

1. 高标准规划生产规模

黔南州烟叶供给规模偏小且调拨比例较低的问题长期制约着产业发展，为此，黔南州制定了《黔南州现代化烟草农业建设行动方案》，明确未来 5 年内将定制化生产覆盖率提高至 50% 以上。通过合理规划定制生产区域，黔南州逐步扩大烟叶种植面积，并通过科学的土地流转、政策扶持和技术指导，确保规模扩张符合可持续发展要求。同时，聚焦重点产区，例如惠水县、贵定县等核心区域，集中资源开发高品质烟叶，提升黔南州烟叶在全国市场中的占有率与竞争力。

2. 高要求强化产品品质

在市场需求趋向多样化的背景下，黔南州主动对接卷烟工业企业的高端原料需求，以项目为载体优化生产技术体系。通过立项《山地特色区域烟叶定制化生产研究》及相关技术推广项目，黔南州加快推进技术创新，特别是在营养调控、成熟采烤等关键环节上精益求精。例如，通过分区域开发适应不同品牌需求的烟叶品种，确保烟叶在香气、燃烧性和外观等方面满足高端卷烟品牌的严格要求。此外，还加强田间管理和质量管控，通过精细化的栽培技术显著提升烟叶供给质量。

3. 高质量塑造品牌形象

黔南州烟叶以其独特的山地气候和优质土壤为基础，具备生产高端烟叶的天然优势。黔南州烟草公司通过深入挖掘区域特色，重点塑造"金黄粉底色鲜亮、油润柔软细如绸"的品牌形象。结合现代技术，黔南州通过建立统一的生态技术体系，确保产品的优质与稳定。在与卷烟工业企业合作中，黔南州逐步强化品牌定位，将产品打造成高端卷烟不可或缺的原料来源。通过持续的品牌形象塑造和宣传，黔南州烟叶在市场中的附加值和影响力显著提升，不仅满足了工业企业的高品质原料需求，也为地方经济发展注入了新动能。

通过高标准的规模规划、高要求的品质管理和高质量的品牌塑造，黔南州成功破解了烟叶供给规模小、质量难以满足工业需求、品牌缺乏市场认知度等发展难题，为烟草农业现代化发展树立了典范。

（二）构建"五共"合作模式，突出工业主导地位

黔南州始终坚持把定制化生产作为工业高端原料供给的重要渠道，立足市场需求特点，推动区域布局的科学划分和协调统一，系统构建形成"五共"合作模式。

1. 方案共商

为确保烟叶定制化生产满足工业需求，黔南州烟草公司建立了以工业反馈为核心的动态技术方案制定机制。全年组织 15 次工商座谈会，与重点工业企业共同梳理生产中的关键问题和需求，总结出 19 个具体问题，提出 22 项切实可行的解决措施。通过联合研讨，协商制定了 4 套涵盖从品种选择到采烤管理的技术方案。这些方案在生产过程中根据市场变化和工业企业反馈动态调整，有效保障了定制化生产的方向性和灵活性，确保了定制烟叶始终契合工业品牌的精准需求。

2. 环节共管

黔南州通过全流程协作，确保烟叶生产的每个环节都符合工业企业的高标准需求。工业企业深度参与从田间管理到收购调拨的全过程管理，全年共派遣专家开展了 65 次现场技术指导，举办 6 次现场会，直接参与生产环节中的质量管控。每一阶段的工业参与都被记录为"作业书"，成为定制化生产的指导性文件。通过这种协作模式，黔南州实现了从种植到收购的全流程质量稳定和管控精准，确保烟叶供给的高度可靠性。

3. 质量共评

质量评价被融入定制化生产的全过程。在打顶后 15 天和 45 天，按照定制生产农艺性状标准，工商共同验证烟株田间长势是否符合定制标准，合格区域纳入定制生产后期管理，实现定制生产的"优中选优"。根据定制类型，收购开始前和上部烟叶采烤结束后，开展感官评吸和外观评价，初步评价定制烟叶商品质量，及时调整优化收购模式，统筹兼顾工业需求和烟农效益，实施工商共同制样，明确收购标准，初步形成工商定制的"效果图"。2023 年，黔南州烟草公司与工业企业联合开展了田间鉴评和感官评吸评价体系建设。田间鉴评合格率达到 96.7%，同比提高了 1.2 个百分点；感官评吸分值在 41 分以上的烟叶比例达到 81.2%。这一评价体系通过科学的质量检测和直观的感官体验，帮助双方共同制定收购样品标准，确保烟叶质量全面满足工业高端原料的需求。

4. 基地共建

为提升烟叶供给能力，黔南州将定制化生产内容全面纳入基地单元建设管理，将基地转化为工业企业的"第一车间"。通过生态集成、技术集成和设施集成的方式，构建以高端烟叶供给为核心的基地运营模式。例如，在贵定县生态烟叶基地，通过优化田间种植技术、引入先进设施设备，以及应用精准的营养管理手段，打造了集优质原料生产和生态保护于一体的典型样板基地。

5. 发展共享

黔南州不断深化与湖南、广东、福建等工业企业的深度合作，通过定制化生产为工业提供优质原料的同时，推动品牌共创和成果共享。2023 年新增定制化订单 3.26 万担，同比增长 49.5%，这些订单中的烟叶成功进入贵烟、白沙等高端卷烟品牌的原料配方。通过这一合作模式，黔南州不仅巩固了烟叶产业的经济效益，也实现了农业和工业双向增益。成果共享的机制有效提升了烟农收入，夯实了定制化生产在全产业链中的重要地位。坚持互利共赢，深化品牌共创，强化成果共享。紧盯工业技术中心原料配方需求，以项目为载体，加大产、供、销全产业链条定制化合作力度，携手深化重点领域专项攻关，突破供给约束的堵点，加强工商联合创新，推动原料供给和卷烟品牌的适配发展，实现双方受益、共同发展。制定形成《贵州中烟高可用性上部烟叶定制化生产技术试行标准》，高可用性上部烟叶、定制化生态烟叶担烟均价分别达 1 668.79 元和 1 663.89 元，全年调拨定制烟叶 3.26 万担，定制烟叶成功进入高端品牌原料配方。

（三）明确"五定"发展方向

定制化生产关键在"用"，核心在"定"，构建完善以品牌导向为基础的需求识别、技术保障、质量评价体系，推动需求同向、生产同行、技术同步、发展同频，形成"五定"定制化生产方式。

1. 定品牌：精准匹配高端品牌需求

根据工业企业的高端品牌原料需求，黔南州精准开发适合品牌特性的烟叶原料。例如，高甜感、高质感的生态烟叶在市场上表现突出，成功进入贵烟"高遵"、白沙"和天下"等品牌原料配方。这些品牌以其独特的香气和品质，代表了高端卷烟的市场定位。通过研究品牌对烟叶香气、燃烧性和风格的要求，黔南州围绕高端品牌构建个性化原料供给方案，为其提供优质且稳定的烟叶支持，进一步提升品牌附加值和市场竞争力。

2. 定区域：布局"4+"定制生产区

充分挖掘区域生态特色，根据气候和土壤的相对一致性，形成"个性化"定制布局。根据黔南州不同区域的生态特点和工业需求，科学规划定制生产区域，形成"4+"布局。一是惠水县高可用性上部烟叶开发区，专注于培育香气浓郁、燃烧性好的上部烟叶，满足高端卷烟品牌需求；二是贵定县生态烟叶生产区，注重烟叶生态种植，强调绿色生产和环境协调，打造品质优良的生态原料；三是瓮安县珠藏镇核心原料 BFO/BFF 开发区，瞄准工业企业对核心原料的高标准需求，重点开发高成熟上部烟叶；四是广东中烟和云南中烟定制化生产区，探索跨省合作的定制生产模式，为其他工业企业提供区域特色原料。这一布局结合区域生态和工业需求，将定制生产精细化、区域化，最大化挖掘区域特色优势。

3. 定目标：形成个性化质量指标体系

黔南州围绕自身烟叶的独特质量特性，针对高端品牌需求，建立个性化质量指标体系。例如，通过山地中棵烟培育，进一步提升烟叶甜感和质感特性，确保烟叶在香气浓郁、燃烧均匀等方面达到工业品牌的高要求。此外，根据工业客户反馈，不断优化质量指标，形成一套适合黔南烟叶生产的高端品牌质量标准，确保年度目标的精准落地。

4. 定技术：构建"1+4+2"技术体系

黔南州大力推广"1+4+2"技术体系，以全生育期营养调控为核心，"1"即 1 项关键技术，注重烟叶全生命周期的营养协调管理；"4"即 4 项精准管控措施，包括壮苗培育、合理密植、高效田管和科学打叶留茎；"2"即 2 项质量保障措施，聚焦"留足上六片"和"两停一烤"，确保上部烟叶成熟充分、留量合理、烘烤一致性高。此外，生态烟叶定制化生产融合传统与现代技术，全面实施绿色生产，覆盖从品种选择到施肥标准的全环节优化，全面提升烟叶风格一致性和市场适配性，塑造生态、优质、安全烟叶。

5. 定调拨：优化"五单"管理模式

为确保定制化生产的烟叶从生产到调拨的高效透明性，黔南州实施"五单"管理模式，包括单采、单烤、单收、单存和单调。单采指在种植和采收环节严格按照区域和定制要求单独采收烟叶；单烤指采用独立的烘烤工艺，确保烘烤过程中风格特性的保持；单收指根据定制化生产标准，单独进行分级收购；单存指在仓储管理中，独立分区存放定制化烟叶；单调指经过严格复检后，按照工业需求进行精准调拨，实现全程可控的烟叶流通。通过"五定"发展方向的全面实施，黔南州在烟叶定制化生产中实现了品牌提升、区域优化、技术保障和供需匹配的高度融合，为烟叶高质量发展提供了有力支撑，也为全国其他产区提供了参考样本。

四、实施成效与启示

（一）实施成效

通过实施烟叶定制化生产，黔南州在 2023 年取得了显著成效，全面提升了烟叶质量，特别是在感官评吸方面，高端卷烟所需的定制烟叶在香气、燃烧性和烟气质地等方面满足了工业客户的高标准需求。农商交接等级合格率达到全省第一，定制烟叶的均价显著高于常规烟叶，展现出明显的经济优势。此外，黔南州新增了云南中烟和广东中烟两家重要工业客户的合作订单，定制化生产的订单增量占全省 91.87%，显著提高了工业客户的满意度，增强了合作的稳定性和信任度。定制化生产的高附加值还大力促进了当地经济发展，2023 年烟农户均收入达到 12.29 万元，烟叶税收收入增长至 7 524 万元，进一步巩固了烤烟产业在区域经济中的支柱地位。这些成就不仅展示了定制化生产模式的科学性和有效性，也为黔南州在全国烟叶市场树立了行业标杆，未来将继续优化这一模式，强化品牌效应，推动贵州烟草行业迈向更高质量的发展阶段。

（二）重要启示

黔南州烟叶定制化生产的成功经验为行业提供了重要启示。首先，明确工业企业对高端原料的个性化需求是推动定制化生产的关键。通过与工业企业紧密对接，精准识别卷烟配方中的原料需求，特别是针对高端品牌如"白沙"和"贵烟"的原料特色，黔南州制定了精准的开发策略，强化了以需求为导向的生产理念，从而避免资源浪费，提升了原料与卷烟品牌的契合度。其次，成功的定制化生产离不开对质量的严格把控。黔南州通过技术创新和过程管控，如"1+4+2"技术体系，实现了精准营养调控，显著提升了烟叶的综合质量。这不仅增强了市场竞争力，也提高了工业客户对黔南烟叶的信任度，充分展示了质量优化作为定制化生产核心竞争力的重要性。最后，黔南州坚持可持续发展，通过稳定订单规模和深化工商协作，成功提升了烟叶在行业中的地位和影响力。新增的广东中烟和云南中烟合作订单表明，黔南烟叶在全国市场的接受度显著提高，且其定制化生产模式已逐步形成可复制的经验，为未来扩展提供了可靠保障。这一模式不仅巩固了黔南州在全国烟叶行业的领先地位，还为烟农收入的稳定增长和农村经济的可持续发展奠定了坚实基础。

从黔南州的实践可以看出，烟叶定制化生产必须紧扣需求侧改革，以质量优化为中心，聚焦高端原料供给。同时，通过加强工商协作，构建可持续的生产模式，为实现乡村振兴和行业高质量发展创造更多可能性。

第五节　江苏中烟的烟叶定制化生产

一、烟叶生产现状

江苏中烟与大方烟叶的长期合作已形成稳定的烟叶配方，主要用于"苏烟"和"南京"中高档卷烟。在"苏烟"配方中，贵州烟叶增强了香气的底蕴和甜润感，丰富了香气，使用比例达到了12%；在"南京"配方中，贵州烟叶则帮助提升香气甜润感并平衡烟气，使用比例达5%。大方烟叶等级纯度和合格率呈逐年递增态势，有效推动烟叶提质增效。然而，近年来烟叶风格逐渐出现弱化趋势，尤其是在大方基地单元，传统的正甜香韵不再突出，烟气的柔和细腻度有待提升。烟叶的化学成分也出现变化，B2F单叶重和叶宽达到了近3年来的最低点，显示上部叶的身份变薄，而C3F烟叶含梗率偏高，部分C3F和B2F烟叶的还原糖和总氮含量偏低，X2F烟叶的烟碱含量偏高。与此同时，虽然混色组和混部位比例有所降低，但混组个数和混级个数却有所增加，反映出原料收购、加工和调拨过程中标准化管理存在不足，导致烟叶品质不稳定，难以完全满足工业企业的需求。

二、问题诊断

通过组织工商研开展走访调研研讨，一致认为大方烟叶存在上述问题的主要原因，一是受过去英美烟草集团（British American Tobacco，BAT）生产追求高成熟度的影响，大方区烟农形成了保护成熟度的习惯，加之河南中烟要求高成熟度烟叶，在技术落实过程中对烟叶成熟的把控不够精准，出现烟叶过熟采烤的情况，一定程度上影响烟叶风格的彰显。二是在市公司连续实施控氮技术要求影响下，基地单元烟叶连续降氮施肥，导致部分烟叶发育不充分、烟叶不耐熟，烤后烟叶身份偏薄，烟碱含量偏低，烟叶风格出现弱化现象。三是收购过程中对烟叶标准把控不够精准，出现烟叶混级、混色、合格率不高等情况，一些该收的烟叶未分收出来。四是部分区域标准化生产落实质量不高，品种纯度有差距，烟叶整齐度有差异。

三、总体思路

在与江苏中烟协同开展烟叶定制化生产过程中，产区始终锚定"南京"高端卷烟品牌原料需求，围绕"特色生态、特色品种、特色技术"这一基础路线，坚持品牌需要什么原料就开发什么原料、需要什么样的结构就定制生产什么样的结构，本着存在的问题，优化技术管理措施，工商研共同研究制定定制化开发目标，围绕目标优技术、强管理、提质量，以逐年改进提升的节奏，持续提高江苏中烟"南京"品牌原料供给质量、保障水平，助力工商企业高质量发展。

四、目标指标

为实现江苏中烟在定制化生产中对"南京"品牌原料需求的精确对接，确保烟叶生产过程中各项指标的优化与提升，江苏中烟明确了以下几个关键目标指标，旨在通过一系列措施提升大方烟叶的整体质量与市场竞争力。一是力求烟叶内在质量更加协调，确保烟碱、还原糖等化学指标在合理区间内，从而提升烟叶的稳定性和适应性。二是通过优化生产与收购管理，实现烟叶商品质量的全面提升，确保单元全收全调，提升烟叶等级纯度2个百分点，降低混级比例2个百分点，基地单元的调拨比例达到95%以上。与此同时，重点突出基地单元烟叶的风格特色，确保烟叶在工业需求上的精准匹配，力争感官评吸分数达到8.5分以上（按江苏中烟评分标准计算）。三是进一步提升基地烟叶在"南京"品牌高端卷烟中的配方符合性，确保贵州烟叶在高端品牌中的使用比例稳定在10%以上，增强其在市场中的竞争力和影响力。

五、技术路径

为确保定制化生产的精准落实，围绕"特色生态、特色品种、特色技术"三大核心，结合"南京"品牌卷烟的高端需求，制定了科学的技术路径，旨在提升烟叶的风格特色和质量水平，满足工业企业的精确需求。以下是技术路径的详细总结与完善。

（一）围绕特色生态，优化烟区烟田布局

为提升烟叶质量并充分发挥当地的生态优势，首先围绕特色生态优化烟区烟田布局，明确划定特色生态烟区，并根据地理环境和气候条件，合理优化杜鹃和鸡场基地单元的布局，确保这些基地单元的烟地100%纳入特色烟区范围。这一布局将充分利用贵州独特的生态环境，提升烟叶的质量和风味特征。同时，在选地过程中严格按照贵州烤烟生产技术要求进行种烟地块的优选，确保至少95%的种烟地块符合技术标准，进一步保证烟叶的生长条件符合高标准的生产要求。通过这一综合措施，力求打造出具备地域特色和生态优势的优质烟叶，为提升烟叶的市场竞争力和符合高端卷烟需求提供坚实的基础。

（二）围绕特色品种布局，着力彰显风格特色

在特色品种布局方面，将紧密围绕工业需求，确保烟叶品种和市场需求的精准对接。首先，坚持以工业需求为导向，确保100%推广种植符合工业标准的云烟87品种，以满足高端卷烟的原料要求。其次，针对云烟87品种存在的单一性和种植周期较长的问题，将深入开展云烟87复壮技术研究，优化相关配套种植技术，提升品种的生产效益和稳定性，以适应市场日益变化的需求。最后，依托江苏中烟的优质特色品种原料工商研一体化先行示范区建设，推动后备品种的选育、推广与验证工作，确保能够及时推出符合市场需求的创新品种，为持续提高烟叶的风格特色和市场竞争力打下坚实基础。通过这些措施，既能提升云烟87的生产效益，又能为未来的品种多样性和风格创新奠定基础。

（三）围绕特色技术推广，着力提高"三度"（田间整齐度、采烤成熟度、收购纯度）

在特色技术推广方面，将着力提高烟叶的"三度"——田间整齐度、采烤成熟度和收购纯度，以提升整体烟叶质量和市场竞争力。首先，通过优化施肥配方，科学合理地调整各个生长阶段的营养需求，确保烟株获得充足且均衡的养分，从而促进其健康生长和均匀发育。其次，精准管控移栽节令，结合气候变化和土壤条件，合理安排移栽时间，避免过早或过晚移栽的影响，确保移栽后的烟株能够快速适应环境，达到最佳生长状态。通过缩短移栽周

期，能够提高田间整齐度，使烟叶的生长更加一致，保证后续采收的品质稳定。此外，通过精准的技术管理与监控，确保采烤成熟度的精确掌控，进一步提高烟叶的风味和质量，最终在收购环节达到更高的纯度，确保烟叶能够满足工业需求，为提升烟草产品的市场竞争力和行业影响力提供技术保障（图9-10）。

图 9-10　定制化生产"三度"情况考察

六、基本原则

（一）品牌导向

在烟叶定制化生产中，始终坚持"品牌需要什么原料，就生产什么原料；工业需要什么结构的原料，就供给什么结构的原料"的原则。紧扣"南京"品牌烟叶需求，优化烟叶定制开发技术措施，推动烟叶收调模式革新，确保每片烟叶都能满足"南京"品牌卷烟需求标准。针对"南京"品牌的特色需求，明确大方基地单元烟叶生产目标，从技术层面重点强化烟叶的正甜香韵，确保烟气细腻、柔和，并突出烟叶的绵柔感和舒适感；工商共同制定烟叶收购等级样品，拓宽定制烟叶等级标准和质量包容度，提高基地单元烟叶对样收购的针对性和可操作性，实现基地单元烟叶"全收全调"。有效保障原料品质一致性，最大限度提升烟叶适配度和市场认可度。通过品牌导向的定制化生产，不仅为"南京"品牌提供了稳定的高质量烟叶供应，还增强了"南京"品牌市场核心竞争力，为品牌长期发展注入了源源不断的动力（图9-11）。

图 9-11　工商考察烟站烟叶"全收全调"情况

（二）问题导向

聚焦工业反馈的原料问题，深入分析诊断，将工业语言转化为农艺措施，将现状问题转化为技术标准、管理措施、工作要求。针对上述现状和诊断中反馈的问题，以田间整齐度、烘烤成熟度、收购纯度为突破口，在肥料配方、移栽节令、品种布局、成熟采烤、等级标准等环节深化研究，形成具有江苏中烟特色的"1331"定制生产模式。该模式中的"1"是指围绕1个目标，突出正甜香韵；第一个"3"是指优化3项技术，即施肥配方（增施有机肥、保障氮肥、微增磷肥）、成熟采烤（主要是严控过熟情况）、对样分收（强调工商共同制样）；第二个"3"是指抓实3个动作，即方案制定、跟踪调查、过程评价（含田间鉴评、质量反馈）；最后的"1"是指最终实施1个闭环管理，即质量综合反馈，输出2个报告（质量反馈报告和定制生产报告）。

（三）目标导向

通过清晰明确的生产目标与精细化的技术指标，确保烟叶生产高效性和精准性。针对烟叶生产的各个环节设定具体目标，并将这些目标细化为一系列可量化的技术指标。整合工商研技术资源，系统开展对烟农、管理人员的烟叶定制生产技术培训，在烟叶生产过程中的关键环节加强督促指导，推动定制生产技术落地落实。为确保目标的达成，实施严格的"目标锁定"机制，所有技术标准、生产管理措施都与目标指标相对接，确保每项操作都紧扣目标要求，推动生产全过程的高质量落实。通过定期评审和实时监督，确保各项目标能得到有效执行。开展"三定三评三考核"机制，确保目标的动态调整与高效执行。"三定"即定基地、定需求、定目标，确保目标始终与市场需求和品牌要求一致；"三评"即共同评审、田间鉴评、烟叶样品评吸,确保目标实施的质量;"三考核"即生产督查考核、烟叶收购质量考核和年度综合考核,为目标达成提供有效监督和反馈。

七、实施举措

从合作模式、技术优化和管理落实3个方面着手,确保各项措施的顺利推进。首先,在合作模式上,落实"三定三评三考核"机制,即明确责任主体、具体任务和时间节点,通过定期评估与考核,确保各项合作目标按期完成,提升合作的透明度和执行力。在技术优化方面,聚焦"两提两控两不少",即通过提高有机肥的使用量、提升移栽质量来优化土壤肥力和作物生长条件。其次,严格控制施氮量和烟叶的成熟度,确保烟叶质量达到工业标准要求。在移栽过程中,确保株高不少于1.1米,且有效留叶数不少于16片,以保证烟叶的生长均衡和风味的提升。最后,在管理落实上,依托"一图一表一报告"来加强过程管理。制作定制化生产施工图,以明确各环节操作要求;通过过程跟踪落实表,实时监督技术实施情况;并通过定期总结报告,确保各项工作按标准推进,及时调整和优化生产管理策略。通过以上举措,能够从合作、技术和管理多维度发力,实现烟叶定制化生产的质量提升和高效管理(图9–12)。

图9–12 工商研在江苏中烟毕节基地单元开展田间鉴评

八、主要成效

(一) 烟叶风格特色彰显

通过精准的定制化生产管理和技术优化，大方烟区烟叶的风格特色得到了显著强化。正甜香风味更加突出，烟气表现为柔和细腻，显著提升了感官评吸的整体表现。数据显示，中部上等烟的正甜香韵尤为突出，上部叶的烟碱含量被精准控制在合理范围内。感官评吸分数提高，香气质、香气量、甜度均达到 7 分以上水平，刺激性较小，余味较干净，原料符合度连续 3 年稳定在 66.67%，C2F、C3F 和 B2F 烟叶样品常规化学成分符合性较好，品质稳定适配配方。此外，随着中部上等烟原料的品牌符合度稳步提高，大方烟叶在江苏中烟"南京"品牌高端卷烟配方中的使用比例显著增长。这不仅巩固了烟叶作为高端卷烟原料的重要地位，也进一步彰显了大方烟区烟叶的市场竞争力和品牌价值，为持续优化供需联动奠定了坚实基础。

(二) 烟叶商品质量提升

通过深化工商协作，大方烟区在烟叶定制化生产中显著提升了烟叶商品质量。商业企业在深入了解江苏中烟原料需求特色的基础上，与工业企业共同制定收购样品，确保收购标准与工业需求高度契合。这一精准对接的模式推动了烟叶收购质量的稳步提升。2021—2023 年，烟叶收购纯度稳定在 70% 以上。等级合格率（C3F）3 年分别为 60.34%、60.82% 和 62.02%，呈逐年上升趋势。其中，2021—2022 年增幅相对较缓，为 0.796%；2022—2023 年增幅加大，达 1.973%，表明合格率提升态势愈发显著。2023 年平均质检合格率为 61.57%，较 2022 年提高 2.13 个百分点。其中，上等烟 61.34%，较 2022 年提高 2.52 个百分点；中等烟 64.46%，较 2022 年降低 0.28 个百分点；中部代表性等级 C3F 的等级合格率为 62.02%，较 2022 年提高 1.2 个百分点；上部代表性等级 B2F 等级合格率为 65%，较 2022 年提高 2.94 个百分点。从等级纯度来看，2023 年纯度达到 97.56%，比 2022 年降低 0.62 个百分点。烟叶混级个数 3 年呈波动增加趋势。2021—2022 年的烟叶收购混级个数在 2.22～2.25 个波动，2023 年增至 2.87 个；2021—2022 年烟叶出片率下降，从 65.01% 降至 62.99%，2022—2023 年回升至 64.16%（图 9-13）。

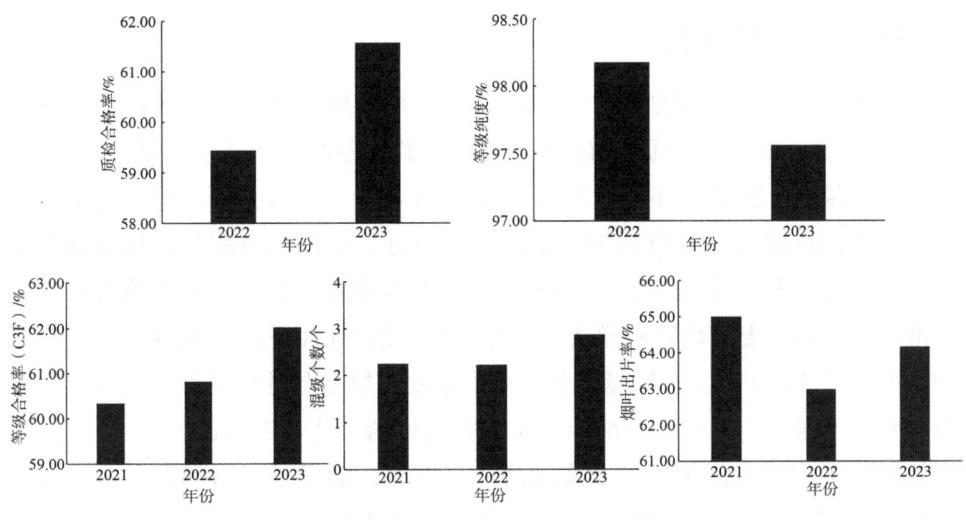

图 9-13　烟叶商品质量

（三）烟叶资源利用效率提升

通过优化收购和分级管理，大方烟区的烟叶资源利用效率显著提升。通过工商联合制作烟叶等级收购样品，凸显了烟叶可用性标准，拓宽调拨等级，增加了质量符合度，增加了可入仓比例，提高了资源利用效率。2021—2023年，江苏中烟在大方产区调拨烟叶的等级结构稳中有升，上等烟比例从90%提升至93.83%。从调拨比例来看，毕节市上等烟调拨比例呈逐年上升趋势，中等烟调拨比例有所下降，下等烟2020年以来没有调拨。中部烟调拨比例总体呈上升趋势，上部烟调拨比例总体呈下降趋势，除2022年有所提升外，其余年份均下降。下部烟2019年以来无调拨（图9-14）。

图 9-14　烟叶调拨等级拓宽，农户脸上添笑颜

（四）助力产业振兴

烟叶定制生产不仅推动了烟草产业高质量发展，还带动了其他作物种植规模和收益。烟叶订单稳中有增，连续 3 年稳定在 17.5 万担左右，烟农收入、烟叶税收（2023 年 6 655.33 万元、2024 年 6 393.88 万元）稳步增加。烟叶产业在烟区经济贡献度增加、带动效果更好、示范效应明显，粮烟融合不断推进，充分利用土地资源和农作物生长周期特点，精心规划种植布局，大力推广豆套烟、麦套烟种植模式。大方县豆套烟种植面积达 3 000 亩，麦套烟种植面积达 3 200 亩。在市场充分认可、烟农积极参与的情况下，工商合作较为紧密，互派工作人员长期驻点，工商打造原料合作、特色品种开发示范区，有效助力了大方烟区烟叶产业实现高质量发展，形成了"东部大企业＋西部好基地""东部大品牌＋西部好原料""沿海大市场＋西部大农业"的协同发展新格局。

主要参考文献

闫芬,陈国权,2002.实施大规模定制中组织知识共享研究[J].管理工程学报(3):39-44.

邵晓峰,季建华,黄培清,2001.面向大规模定制的供应链模型的研究[J].制造业自动化(6):22-25.

邵晓峰,黄培清,季建华,2001.大规模定制生产模式的研究[J].工业工程与管理(2):13-17.

朱志华,2015.工业化定制开启中国式智能制造新篇章[J].中国工业评论(10):88.

DURAY R, WARD P T, MILLIGAN G W, et al., 2000 Approaches to mass customization: configurations and empirical validation[J]. Journal of Operations Management, 18(6): 605-625.

KOTHA S, 1996. From mass production to mass customization: the case of the National Industrial Bicycle Company of Japan[J]. European Management Journal, 14(5): 442-450.

RADDER L, LOUW L, 1999. Mass customization and mass production[J]. The TQM Magazine, 11(1): 35-40.

SCHULER A, BUEHLMANN U, 2003. Identifying future competitive business strategies for the U.S.residential wood furniture industry: benchmarking and paradigm shifts [R]. West Virginia: US Department of Agriculture, Forest Service, Northeastern Research Station.

SILVEIRA G D, BORENSTEIN D, FOGLIATTO F S, 2001. Mass customization: Literature review and research directions[J]. International Journal of Production Economics, 72(1): 1-13.

附　录

附录一：烟叶定制化生产技术方案
——以 2024 年江苏中烟"南京"品牌鸡场基地单元为例

以江苏中烟"南京"品牌原料需求为导向，以"生态、特色、优质、安全、高效"为总体要求，充分彰显烟叶山地生态烟特色，全面提高烤烟标准化生产和烟叶质量整体水平，按照"质量目标清晰、任务目标细化、环节工作具体、考核监管有力"的思路，结合鸡场基地单元实际，经工商研三方协商，特制定本方案。

一、基本情况

（一）生态特点

江苏中烟鸡场单元包含鸡场、马场 2 个烟叶站。鸡场烟叶站位于大方县城的东南部，离县城 25 千米，辖黄泥塘 1 个镇，12 个行政村，55 个村民组。境内属喀斯特地貌，海拔 995~1 598 米，地处大方北高原与黔中高原过渡带，地貌类型复杂，以丘陵为主，占 80% 左右。土壤类型以黄壤和石灰土为主，土壤 pH 值 5.5～6.7。土层深厚，种烟土地以缓坡地为主，地势较平坦，土壤蓄积水、肥能力较强。气候温和湿润，年平均气温 13.1～15.2℃，年降水量 900～1 000 毫米，年日照时数 1 270～1 350 小时，无霜期 251～279 天。

马场烟叶站位于大方县城西部，地处东经 105°29′，北纬 26°57′，距县城 37 千米，基地单元所属马场镇、牛场乡、鼎新乡一镇两乡，最高海拔 1 517 米，最低海拔 1 026 米，属亚热带湿润季风气候，耕地面积为 60 000 亩，林地面积988公顷。土壤类型以黄壤为主，土壤pH值5.5～6.7。土层深厚，种烟土地以缓坡地为主，地势较平坦，土壤蓄积水、肥能力较强。气候温和湿润，年平均气温13.1～15.2℃，年降水量900～1 000毫米，年日照时数1 270～1 350小时，无霜期250～280天。

（二）生产条件

鸡场单元鸡场烟叶站现有烟水工程4个，覆盖基本烟田4.1万亩，密集烤房998间，机耕道105千米，育苗棚50 688平方米，各类农机具1 110台（套）。马场烟叶站现有烟水工程4个，覆盖基本烟田4.1万亩，密集烤房673间，机耕道47.2千米，育苗棚24 152平方米，各类农机具814台（套）。

（三）风格特色与配方作用

鸡场单元烟叶属于典型蜜甜香型，以正甜香、干草香为主体香韵，辅以木香、青香、辛香香韵，正甜香韵较明显，正甜香风格特征较显著，浓度适中、劲头稍大，烟气饱满透发，较流畅、较绵长。在配方中起到丰富烟香、调节烟气的作用。

（四）产能布局

2024年计划种植面积21 170亩，种植品种为云烟87；收购计划53 000担，上等烟比例68%～75%（表1）。

表1 鸡场基地单元2024年烟叶产能布局统计

烟叶工作站	乡（镇）	收购点（线）	2024年指导面积/亩	2024年预安排计划量/担	上等烟比例/%
马场	牛场	中坝	2 057	5 150	71
		九龙	3 136	7 850	71
	马场	马场	3 335	8 350	71
	马场	乐思	2 257	5 650	71
	鼎新				
	小计		10 785	27 000	71

（续表）

烟叶工作站	乡（镇）	收购点（线）	2024年指导面积/亩	2024年预安排计划量/担	上等烟比例/%
鸡场	黄泥塘	甘棠	2 092	5 238	71
		化联	2 286	5 723	71
		安化	1 380	3 455	71
		安化二线	2 250	5 633	71
		西河	2 377	5 951	71
小计			10 385	26 000	71
合计			21 170	53 000	71

二、工业反馈问题及改进措施

（一）主要问题

C2F 样品还原糖含量稍低、糖碱比偏低，C3F 样品还原糖和钾含量、糖碱比稍低，B2F 样品还原糖含量和糖碱比稍低；C2L 和 C3L 样品常规化学成分符合性中等，C2L 样品总糖含量和糖碱比偏高、烟碱和总氮含量偏低，C3L 样品烟碱和总氮含量偏低、总糖含量稍高、糖碱比偏高、钾含量稍低。

（二）问题分析

（1）中上部烟叶还原糖含量稍低、糖碱比偏低的问题，主要是烟叶采收成熟度不够和未严格按照"十个关键温稳点烘烤工艺"执行，导致烟叶内含物质转化不充分。

（2）C2L 样品总糖含量和糖碱比偏高、烟碱和总氮含量偏低，C3L 样品烟碱和总氮含量偏低、总糖含量稍高、糖碱比偏高的问题，主要是平衡施肥执行不到位，同时与移栽前期干旱、种植密度及打顶高度相关。

（3）C3L 钾含量稍低的问题，主要是后期未增加钾肥用量，同时与部分烟地缺钾有关。

（三）改进措施

（1）对于采收成熟度不够，导致叶片僵硬、含青较多的问题，加强烟叶成熟采收培训与技术落地，严格做好下部叶早采、中部叶成熟采收、上部4～6片叶充分成熟后一次性采收，提高采收成熟度。同时优化烟叶烘烤工艺，落实省局（公司）蜜甜香烟叶"十个关键稳温点烘烤工艺"，提高技术到位率，改善烟叶结构，确保烟叶"烤黄、烤亮、烤软、烤香"。

（2）继续加强控氮增密，种植密度达到1 100株/亩，优化群体结构，进一步细化和落实测土配方，每亩施用基肥（$N:P_2O_5:K_2O=9:13:22$）39千克/亩+秸秆牛粪有机肥60千克；提苗肥（$N:P_2O_5:K_2O=15:08:7$）亩施2.5千克兑水300千克，作为定根水浇施，每株260～270毫升。将0.06%溴氰菊酯的药液混入定根水；追肥（$N:P_2O_5:K_2O=13:00:26$）20千克/亩，移栽结束后5～7天，使用追肥5千克/亩兑水50千克追施，每株45毫升，禁止将肥料水淋洒在心叶上；栽后20天左右，将剩余追肥按照1:5的稀释倍数兑水追施，追肥位置在烟株最大叶尖处向下15～20厘米，禁止将追肥直接施于土壤表面。追肥的同时，清除烟窝杂草；加强对打顶时间和留叶数的分类指导，做到中心花开放50%时一次性打顶，打顶后株高1.1～1.2米，留叶数16～18片。

（3）增施有机肥。在每亩施用秸秆牛粪有机肥60千克的基础上，指导烟农增施自制有机肥，在高标准示范点、集中连片地按照500千克/亩的标准增施自制有机肥，增加土壤有机质含量，改善烟叶品质。

（4）强化施肥培训。每户印发1份施肥技术宣传彩页，召开2～3次田间现场会，网格管理员在施肥期间，每户现场示范指导2次以上，确保基、追、提的施用量及浓度、时间符合标准要求。

（5）适时增施硫酸钾10千克/亩，后期叶面喷施磷酸二氢钾叶面肥，提高烟叶含钾量。

三、目标任务

（一）农艺指标

烟株腰鼓形，生长健壮、整齐一致，叶片清秀，田间群体结构合理，成熟一致、分层落黄。打顶后株高110～120厘米，有效叶16～18片。

（二）质量目标

1. 外观质量

符合《烤烟》（GB 2635—1992）国家标准要求，烟叶等级纯度好。其中上部烟叶成熟度较好，身份中等，油分较足；中部烟叶颜色多为金黄色至深黄色，结构疏松，叶面有油润感，烟叶颜色饱满度、均匀度较好；下部烟叶颜色多为金黄色，叶面稍有油润感，烟叶颜色均匀度较好。

2. 物理特性

弹性好，烟片柔软，身份适中，填充度高。

3. 化学成分

根据江苏中烟烟叶原料质量体系要求，化学成分目标主要包括烟碱、总糖、还原糖、总氮、钾、氯、钾氯比等（表2）。

表2 鸡场基地单元烟叶化学成分目标

部位	烟碱 /%	总糖 /%	还原糖 /%	总氮 /%	钾 /%	氯 /%	钾氯比
上部	2.6～3.4	26～34	21～29	2.4～3.0	≥1.6	<0.6	>4
中部	1.9～2.7	29～37	23～31	1.7～2.3	≥1.8	<0.6	>4
下部	1.4～2.2	27～35	22～30	1.5～2.1	≥2	<0.6	>4

4. 感官质量

上部：香气质尚好、香气量尚足、较透发；烟气稍细腻、稍柔和、稍圆润；稍有刺激性和干燥感、余味稍净稍舒适；稍有杂气。

中部：香气质较好、香气量尚足、尚透发；烟气较细腻、尚柔和、尚圆润；微有刺激性、干燥感弱、余味较净较舒适；微有杂气。

下部：香气质尚好、香气量稍有、稍透发；烟气尚细腻、尚柔和、尚圆润；稍有刺激性和干燥感、余味尚净尚舒适；稍有杂气。

5. 等级质量

实施原收原调、零库存、零亏损原则，等级合格率80%以上，等级纯度90%以上。

（三）定制生产目标

鸡场基地单元为整单元定制生产，2024年计划种植烤烟收购烟叶5.3万担；定制化开发烟叶收购等级合格率80%以上，烟叶工商交接等级纯度高于普通购销烟叶；定制化开发烟叶调拨量5.3万担，其中高可用性上部叶1.2万亩、0.6万担以上；定制化开发烟叶单收单储单调执行率100%；江苏中烟在产区调拨结构满足率95%以上。

主要措施：

（1）品种选择。主栽云烟 87，辅云烟 121。

（2）布局优化。规划种烟区域包括黄泥塘镇、马场镇、牛场乡、鼎新乡 4 个乡（镇），其中单元定制在整个单元进行开展，高可用性上部烟叶开发 1.2 万亩、0.6 万担，在鸡场烟叶站实施 0.589 万亩、0.294 万担，马场烟叶站实施 0.611 万亩、0.306 万担。

（3）合理密植。中等肥力土地 1 000～1 100 株/亩。

（4）平衡营养。亩化学肥料施氮量 6.5 千克左右、施商品有机肥 60～100 千克或农家肥 500 千克；具体施肥视地块肥力、烟叶长势酌情调整，要求群体发育均匀适中、个体成熟期达到"腰鼓形"。

（5）打顶留叶。落实打叶留茎技术，有效留叶数 16～18 片。

（6）植保。开展绿色植保防控技术，大田生产以绿色综合防治为主，科学运用生物防治技术，推广应用高效低毒农药，不得使用违禁农药。

（7）采收。开展专业烘烤、精准烘烤管理。下部和中部烟叶的采收按照单元内采收标准要求进行适时采收和烘烤，上部 4～6 片烟叶应较常规烟田推迟 5～7 天采收。

（8）烘烤。根据一次性采收上部烟叶进行鲜烟分类编烟装炕，采取专炕烘烤，禁止与其他烟叶配炕烘烤，由单元内烘烤技术员协调烟农记录每间烤房每次采烤起止日期和装烟量，烤后上部烟叶挑选分类及样品制备均取自该类烤房。

（9）交售。开展分炕次预检、预约、分级、建档交售管理，确保等级、部位纯度。

（10）制样。工商共同制样，持续提升对样分级、对样收购、对样交接工作水平。

（11）烟叶流向。单收、单存、单调。

（12）打叶留茎。

①目标要求：打顶时期适宜，打顶高度一致，留叶数适宜，打顶后及时进行人工抑芽和化学打顶后抑芽，腰无烟杈、顶无烟花。

②操作时间：烤烟中心花开放前后进行。一般肥力低、长势弱的烟田在中心花开放前打顶。肥力中等、长势正常的烟田在中心花开放 50% 时打顶。肥力高、长势旺的在中心花开放后打顶。

③有效留叶数：根据烟株营养水平、长势长相和气候条件确定适宜的留

叶数，肥力中等的烟田留叶 16～18 片。

④操作方法：按照适宜的留叶数，从烟株下部第 1 片有效叶起数到第 16 片、第 18 片叶位确定烟株最上端的有效叶位置。去除有效叶片上端的无效叶片（正常营养水平下，小于 15 厘米的叶片），保留 2 个节位的茎秆。肥力偏高、长势偏旺的烟田保留 2～3 个节位的茎秆，在最上端保留的节位处将主茎切断，并及时在此节位处施用抑芽剂。

⑤注意事项：操作应遵循先健株后病株的原则，避免人为传染。摘除的烟花、烟杈应及时集中清理出烟田，避免其传播病害。

（四）安全指标

烟叶农药残留和重金属含量等检测不超标。

（五）经济指标

亩产量 2.5 担，亩产值 4 300 元以上。计划上等烟比例控制在 68% 以上、75% 以内，中部上等烟比例控制在 60% 左右，中等烟比例控制在 25% 以上、32% 以内。

四、烟区规划

（一）品种布局

主栽品种云烟 87，面积为 20 326 亩，搭配种植云烟 121，主要分布于牛场乡、黄泥塘镇，面积为 844 亩。

（二）烟区布局

选择丘陵缓坡地、微酸性黄壤以及适宜种烟的其他土壤；选择质地沙壤、土质疏松、土层深厚、肥力中等、地力均匀、地势向阳的地块。全面推广标准化生产，重点推广烟地深翻抗冬、水肥一体化、采烤一体化和工序化作业。100% 深翻起垄待栽，100% 壮苗移栽，100% 测土配方施肥，100% 成熟采收，100% 科学烘烤。

2024 年鸡场单元落实万担乡 3 个、千亩村 9 个。其中万担乡为黄泥塘镇（10 385 亩、2.6 万担）、马场镇（5 403 亩、1.35 万担）、牛场乡（5 193 亩、1.3 万担），占基地计划量的 98.8%；千亩村为安坪村（1 084 亩、0.2 710 万担）、甘棠村（1 669亩、0.4 173万担）、化理村（1 005亩、0.2 513万担）、化联村（1 308亩、0.3 270万担）、黄泥村（2 683亩、0.6 708万担）、西河村（2 013亩、0.5 033万担）、马场村（1 005亩、0.2 513万担）、民丰村（1 275亩、0.3 188万担）、九龙村（1 321亩、0.3 303万担），占基地计划量的63.12%。

（三）烟地规划

完成时间：10月底前完成。

采取措施：按照"五良配套"的要求选择好田好土种烟。选择烤房设施配套、生态条件好的区域，土壤肥力好、土层深厚、不积水、无根茎性病害且相对连片的坝地或缓坡地种烟，其中100亩以上连片种植比例80%以上，一类烟地占60%以上，二类烟地占40%以内。杜绝陡坡地、瘦地、土壤重金属含量超标及前茬施用除草剂的地块种烟。

（四）烟农选择

制定烟农星级评定实施方案，对历年来烟农烟叶种植、烟叶交售、诚实守信等方面进行分析和评估，并把星级等级高的农户作为重点宣传对象，重点培养一批骨干烟农，保持烟叶生产可持续稳定发展。

（五）面积落实

按照1 100株/亩的标准落实种植面积，种植主体预留烟地面积核实用GIS对每块烟地进行打点定位，同时使用"测亩易""GPS"等软件按实际地块形状进行测量，测量时必须在手机端同步建立名为烟叶种植主体姓名的文件夹，文件夹内包含核实的每一块预留烟地实测形状图斑，实现一户一档，所有种植主体的土块信息测量完毕后统一以收购点为单位，上传到烟叶站备案。烟地信息采集工作在1月20日前完成。

（六）施肥标准

按照1 100株/亩测算，亩施纯氮6.5千克左右，并根据土块肥力差异适当调整。对营养不良长势较差或雨水较多导致肥料流失严重的烟地，可酌情补施备用肥。

（1）底肥。起垄时用底肥划线，视土壤肥力情况施用，每亩施用基肥（$N：P_2O_5：K_2O=9：13：22$）39千克/亩＋秸秆牛粪有机肥60千克。

（2）提苗肥（$N:P_2O_5:K_2O=15:8:7$）。提苗肥亩施 2.5 千克兑水 300 千克，作为定根水浇施，每株 260～270 毫升。将 0.06% 溴氰菊酯的药液混入定根水。

（3）追肥（$N:P_2O_5:K_2O=13:00:26$）。追施 20 千克/亩，移栽结束后 5～7 天，使用追肥 5 千克/亩兑水 50 千克追施，每株 45 毫升，禁止将肥料水淋洒在心叶上；栽后 20 天左右，将剩余追肥按照 1:5 的稀释倍数兑水追施，追肥位置在烟株最大叶尖处向下 15～20 厘米，禁止将追肥直接施于土壤表面。追肥的同时，清除烟窝杂草。

五、备耕备栽

（一）绿肥压青

1. 播种时间

9 月上旬至 9 月下旬播种。

2. 播种量

紫花苕子 4 千克/亩。坡地、瘦地可适当多播。

3. 播种方式

可采用穴播或撒播。

穴播：在垄体烟株之间及烟窝旁定点打穴，进行穴播，每穴播种 3～4 粒；撒播：清除垄沟杂草，并进行松沟，松沟深度为 2～3 厘米，将种子均匀撒播在行间后覆土。

4. 翻压或收割

一是不需要收割作为饲料的区域，每亩按照鲜草量 1 000～1 500 千克在 12 月底进行翻压抗冬，对绿肥长势较好的多余部分，可收割鲜草施用在其他烟田进行翻犁压青，翻犁压青在 1 月中旬完成；二是需要收割作为饲料的区域，在 1 月可收割 1～2 次作为饲料，收割时茎秆应留 10～15 厘米，让其继续生长，待整地时进行翻压，3 月上旬完成。

（二）烟地深翻

完成时间：10 月 15 日至 12 月 30 日完成。

采取措施：采用大型农机具或小型农机具进行翻耕作业，大型农机具翻耕深度要求 30 厘米以上，小型农机具翻耕深度要求 25 厘米以上，翻犁后深浅一致，无漏耕。

（三）烟农自制农家肥

完成时间：11月底完成。鸡场单元2024年有机肥堆制分解见表3。

表3　鸡场单元2024年有机肥堆制分解

烟叶站	计划面积/亩	有机肥堆制面积/亩
马场	10 785	1 000
鸡场	10 385	1 000
合计	21 170	2 000

技术要点：按每亩500千克以上堆制，堆制时烟地要开挖"十"字形沟，"十"字形沟上要填制玉米秸秆。先将玉米秸秆切成长度20～30厘米，浇足水。然后将湿透的玉米秸秆和农家肥一层层铺开，铺1层玉米秸秆，再铺1层农家肥，直到全部堆完。一般要求堆高1.5米以上，堆宽不小于1.8米，长度不限。堆完后，要在表面覆盖一层细泥土再覆盖地膜，防止农家肥失水干燥。

注意事项：覆盖地膜，地膜四周密封严实。

（四）壮苗培育

1. 完成时间

2月8日前完成100%的播种工作，鸡场单元育苗面积2.117万亩，全部为漂浮育苗。

2. 供苗数量

每亩供苗9盘。

3. 井窖栽壮苗标准

苗龄（出苗到成苗）45～50天，茎高4～5厘米，叶数5～6片，叶绿色，根粗壮，侧根发达。无病菌、病毒侵染症状，无虫害损伤。烟苗大小均匀，整齐一致，生长势强，群体健壮，成苗率85%以上，取苗基质不散。

4. 大窝深栽高茎壮苗标准

苗龄（出苗到成苗）55～65天，茎高8～12厘米，韧性好；叶数6～7片，叶绿色，根粗壮，侧根发达。无病菌、病毒侵染症状，无虫害损伤。烟苗大小均匀，整齐一致，生长势强，群体健壮，成苗率85%以上，取苗基质不散。

5. 主要技术操作要点

（1）平场。提前5天平整苗池，确保高低一致、池底水平。

（2）铺膜。提前3天铺设池膜，确保池膜无破损、接缝无渗漏。

（3）放水。为避免因冬春连旱造成缺水，提前备足育苗用水，确保按时播种，满足育苗需求。水深5～6厘米，水质要求清洁、无污染。

（4）环境卫生清理。育苗前一周清除育苗场地杂草、污水、废弃物等，并用二氧化氯500倍液对苗棚内外进行全面喷雾消毒。

（5）浮盘清理消毒。播种前一周用二氧化氯50倍液，采用浸泡或喷雾方式将浮盘正反两面彻底浸湿或喷湿，再用塑料薄膜密封3天。播种前用清水清洗浮盘，晾干后装盘播种。至即散状态时进行装盘。装盘前检查浮盘底孔，确保不堵塞；装盘时轻墩浮盘2～3下，确保松紧适中，不架空、不过紧，并进行抹盘露筋。

（6）播种。一穴一粒精准播种，播后再次进行抹盘露筋。

（7）下水。播种后及时下水，下水后要固定苗盘不晃动（用旧浮盘把苗床空隙填满），浮盘高度不低于苗床边界，防止藻类发生。24小时后发现孔穴未吸水，及时喷水补湿，确保正常吸水。

（8）肥料施用。在播种前和剪叶时分两次施肥，严禁将育苗肥一次性全部施用。

（9）间苗定苗。间苗、定苗在"大十字"期（4叶1心）进行，去掉大苗、弱苗、病苗，选留整齐一致的烟苗，每穴留苗1株。

（10）温湿度管理。一是出苗前严格保温，如遇连续晴天，上午时段（8:00—10:00）进行通风降温，确保棚内温度不超过28℃。一般采用人工揭侧膜降温，人工降温不能满足需求时，再采用强制通风降温；棚内湿度过大时要注意排湿，防止棚内湿度过高造成滴水和加快病害传播，以棚膜不滴水为宜。二是出苗后，当棚内温度低于12℃时，应密封保温，预防低温冷害；当棚内温度高于28℃时，及时通风降温排湿。

（11）剪叶。供苗前，井窖式移栽剪叶1次以上，大窝深栽剪叶2次以上。

（12）炼苗。一是移栽前10～12天揭膜通风，盖上防虫网，在自然条件下炼苗。当气温突然大幅度下降时，及时覆膜保温。二是炼苗时断水断肥，干湿交替。可在育苗池中搭建晾盘架或修建浮盘放置平台或开挖干湿交替排水沟等方式进行炼苗。

（五）整地起垄

完成时间：3月上旬至4月上旬完成烟地起垄工作。

整地碎土：在整地前，先翻压绿肥，翻压深度20厘米，翻压后随即耙地碎土。耙平烟地，细碎土块，清除烟地杂物。

开好排水沟：地势较低、面积较大的平整地块，沿烟地四周开边沟，中间开中沟，中沟深度35厘米以上、宽度不低于20厘米，边沟深度40厘米以上、宽度不低于50厘米，确保多雨季节烟田雨后排水通畅，不积水。

开厢：按厢宽1.2米规格定向拉绳开厢。

起垄：视土壤条件采取单垄栽培。用基肥划线，沿肥料线两边等距起垄，底肥位于垄体中央。覆膜后垄高25~30厘米，垄体平整饱满，覆膜后垄间必须亮沟。垄面宽70厘米，沟宽20厘米。

盖膜要求：盖膜时，地膜须紧贴垄面，避免出现空隙；覆膜后，地膜两侧及烟苗破孔处及时用土封严，保证密封不漏气；破膜处呈槽形垄或碟形垄，以利于雨水进入烟株根部，缓解早期干旱对烟苗的影响。

集雨池制作：沿烟地自然缓坡地制作垄面后铺上塑料薄膜形成集雨面，在地势较低一端制作集雨池，自然降雨顺垄沟流入集雨池，蓄水作移栽定根水用。每亩烟地至少制作一个，单个蓄水量在0.4立方米左右。

（六）基肥施用

1. 完成时间及施肥

3月上旬至4月上旬完成，起垄时用底肥划线，视土壤肥力情况施用，每亩施用基肥（$N:P_2O_5:K_2O=9:13:22$）39千克+秸秆牛粪有机肥60千克。

2. 技术要点

（1）井窖式移栽。有机肥全作底肥于烟田开厢起垄时条施于垄沟内，基肥于起垄时与有机肥条施于垄沟中。

（2）大窝深栽。按移栽密度定点打窝，将基肥、有机肥施于窝内与土拌匀。

六、烟叶移栽

（一）移栽期确定

单元区内移栽期为 2024 年 4 月 15—21 日，其中马场片区及鸡场甘棠片区 4 月 15—20 日，鸡场片区（甘棠除外）4 月 16—21 日（表 4）。

表 4　鸡场基地单元 2024 年烤烟移栽时间预安排

收购点	种植面积 / 亩	开始移栽时间	移栽完成时间	移栽跨度 / 天
中坝	2 057	4 月 15 日	4 月 20 日	5
九龙	3 136	4 月 15 日	4 月 20 日	5
马场	3 335	4 月 15 日	4 月 20 日	5
乐思	2 257	4 月 15 日	4 月 20 日	5
甘棠	2 092	4 月 15 日	4 月 20 日	5
化联	2 286	4 月 16 日	4 月 21 日	5
安化	1 380	4 月 16 日	4 月 21 日	5
安化二线	2 250	4 月 16 日	4 月 21 日	5
西河	2 377	4 月 16 日	4 月 21 日	5
合计	21 170			

（二）移栽密度

行距 120 厘米，株距 50 厘米，亩均种烟株数 1 100 株。

（三）移栽方式

基地单元因地制宜采取井窖式移栽或大窝深栽。主要操作要点如下。

1. 井窖式移栽

（1）制作移栽井窖。移栽烟苗前在覆膜的垄体上或墒情较好的非地膜垄体上，按确定的移栽株距，使用专用井窖制作工具，打制移栽井窖，要求井窖口呈圆形，直径 8～10 厘米，井窖深度一般 18～20 厘米，原则是移栽后烟苗自然高度的顶部距井口 2～3 厘米。

（2）浇足定根水。每株根据土壤墒情浇带肥带药的定根水 260～270 毫升，提苗定根。

（3）注意事项。要求将烟苗垂直放置于井窖内，保持移栽后烟苗自然高度顶部距离井口下 2～3 厘米，严禁烟苗悬空和烟苗任何部分露出井窖口。

2. 大窝深栽

（1）先烟后膜。

①碎土起垄：拉绳开厢起垄，垄高 25 厘米以上，沟直厢匀，垄面平整细碎。

②打窝施肥：按移栽密度定点打窝，土肥拌匀，窝深 25 厘米，窝口宽 25～30 厘米，横竖成行。

③移栽盖膜：适时移栽，浇足定根水后进行盖膜，盖膜后随即破膜覆土且形成碟形，破膜口直径 20 厘米以上，每株根据土壤墒情浇带肥带药的定根水 1.5～2.0 千克，地膜须紧贴垄面，避免出现空隙。

（2）先膜后烟。

①在垄体上定点打窝，窝深 20～25 厘米、窝口宽 25～30 厘米，将土肥拌匀后随即覆膜，在窝口上破膜覆土，破膜口直径 20 厘米形成蝶形窝。

②移栽时在蝶形窝上用移栽器进行移栽（严禁使用打孔器），随即覆土到烟苗 3～4 片真叶处，严禁烟苗茎秆外露形成高秆苗。

③浇足定根水：每株根据土壤墒情浇带肥带药的定根水 1.5～2.0 千克，提苗定根。

（四）移栽组织管理

（1）加强苗床管理。抓好棚内温度、湿度控制及病虫害防治，制定烟苗发放时间表，做到及时、有序、分批、定量发放烟苗。

（2）规范移栽管理，在移栽过程中浇足定根水，施足底肥，做到移栽工作有"准"可依，确保移栽质量。

（3）查缺补漏。移栽结束后，要对所有烟田进行检查，确保苗全苗齐。对弱小的烟苗要进行偏管，追施偏心肥，保证烟株生长整齐一致。

（4）做好原土补苗。移栽结束当天，在 2～3 平方米的空地处制成假植床，将腐熟的农家肥拌土制作营养土，将 3%～5% 的烟苗进行假植作为预备苗，集中管理，搭建拱架，覆盖棚膜、遮阳网等，预防冰雹等灾害天气。待出现缺苗、弱苗时，及时进行补苗、换苗。

(五)栽烟株数核实

5月5日前完成,工作要求如下。

(1)逐户逐块按照"移栽一块,点苑一块",逐块清点烟地移栽株数,并将实际品种、株距、行距等填入 GIS 系统,逐块放置信息卡,以田块为单位。

(2)通过 GIS 系统或无人机采集种烟田块信息,将"服务通"系统烟农信息与采集的田块数据整合,以户为单位生成二维码,二维码信息包括烟农姓名、烟地面积、烟地编号、种植株数、种植品种、网格管理员信息等。

七、大田管理

(一)查苗补苗

移栽后 3～5 天,对缺窝、断行、病苗、老苗、弱苗及时补栽同一品种的预备苗,确保苗全。

(二)追肥施用

时间要求:5月7日前完成。

操作要点:

(1)移栽结束后 5～7 天,使用追肥 5 千克/亩兑水 50 千克追施,每株 45 毫米,禁止将肥料水淋洒在心叶上。

(2)栽后 20～25 天,将剩余追肥按照 1:5 的稀释倍数兑水追施,追肥位置在烟株最大叶尖处向下 15～20 厘米,禁止将追肥直接施于土壤表面。追肥的同时,清除烟窝杂草。

(三)填土封窝

时间要求:5月15日前完成。

操作要点:移栽后 15 天左右,烟苗在膜下生长至心叶稍高于膜口 5～8 厘米时即可进行。操作时将膜口撕大为 20～25 厘米,并盖土压紧膜口,使整体形状呈中间低四周高的蝶形。

(四)揭膜培土

时间要求:6月10日前完成。

操作要点：移栽后 35～45 天，根据烟株长势长相情况，海拔 1 400 米以下的烟区进行揭膜培土上高厢，垄高≥30 厘米，垄体饱满，揭掉的地膜进行集中处理或统一回收，防止白色污染。

（五）结构优化

1. 时间

要求 6 月 20 日前完成。

2. 处理方式

"下 4 上 2"，即通过田间打掉下部不适用 4 片、不采僵硬上部 2 片顶叶、清除病残叶、销毁青杂破损烟叶。编竿时，把黑爆叶、过青叶、过熟叶及因风灾、病害、冰雹造成的无价值烟叶剔除，不绑竿、不烘烤，坚决杜绝进烤房，最终确定在田间处理不适用鲜烟叶平均数量。

3. 具体操作

（1）不适用下部叶。在揭膜、中耕、培土时，打掉 2 片底脚叶（胎叶）；移栽后 60 天或在烟田现蕾时同步打掉因干旱、积水、光照不足等原因导致光照弱、身份薄、病斑多、烤后品质较差的 4 片下部叶。

（2）不适用上部叶。上部 4～6 片烟叶充分成熟采烤的同时，打掉发育不良、开片不足、叶片过厚、僵硬、难烘烤、易挂灰的 2 片顶部叶，再进行一次性砍（采）烤。

（3）病残烟叶。中耕培土、采摘时和采收后、上炕前，清除或剔除黑暴叶、过熟叶和因病害、冰雹、积水等灾害造成病斑、破损面积达 35% 以上的烟叶，不绑竿、不烘烤。

（4）青杂破损烟叶。下炕时，将因烘烤产生的青杂烟叶及时挑除，集中销毁；分级时将不符合收购标准的破损烟叶和不适用等级烟叶现场集中销毁，不进入收购体系。

（六）打顶留叶

单元内以烤烟大田烟株长势整齐、筒形或腰鼓形为目标。按照分类打顶方式做到科学打顶、合理留叶，烟株生长正常的地块，采取全田中心花开放 50% 时一次性打顶，长势差的烟株视烟株生长情况进行打顶，长势旺盛的地块，采取盛花打顶，杜绝低打顶、抠心打顶，确保打顶后大田烟株长势整齐，打顶后株高 110～120 厘米，有效留叶数 16～18 片。

打顶时尽量调控烟株高矮、大小和烟叶成熟整齐一致，以利于相同部位烟叶成熟度一致，便于采收烘烤；应遵循"先健株后病株"的原则，减少病害传播；要选择晴天上午进行，以利于伤口迅速愈合；打顶后，所留花梗要比顶叶略高，以利于顶叶水分保持；打下的整个花序和烟芽应及时带出烟田，集中处理，以消灭病原物和虫源，避免病虫害进一步传播。

打顶后 24 小时内抹掉长度 2.5 厘米以上腋芽，然后使用化学抑芽剂抑芽，严格抑芽剂使用配比浓度，防止抑芽剂残留量超标。

（七）绿色防控

1. 病虫害种类

各片区病虫害基本相同，病害主要有普通花叶病、白粉病、马铃薯 Y 病毒病、赤星病等。害虫主要有地老虎、金针虫、烟蚜、烟青虫等。

2. 防治措施

（1）农业防治。烟地深翻，苗期和大田期清洁卫生、起垄及开沟排水、合理轮作、合理施肥、适时移栽。

（2）物理防治。烟地安装自制诱捕器。2月上旬在大田安装自制诱捕器，安装小地老虎诱芯，集中连片烟地平均 2 亩地装 1 个，分散地块每亩装 1 个；4 月下旬，移栽时同步更换复合型诱芯。

（3）生物防治。移栽后 25 天至 6 月上旬释放烟蚜茧蜂，放蜂 1～2 次；在集中种植区域 6 月中旬释放蠋蝽防治烟青虫、斜纹夜蛾。

3. 分时期防治

（1）苗期。苗期病害防治按统防统治要求进行；在烟苗"大十字"期全面施用多功能促生菌剂，用量为 250 盎/升；发苗前进行烟苗病毒检测，发现携带病毒一律销毁。

（2）大田期。地老虎和金针虫：使用 25 克/升溴氰菊酯乳油 1 000～2 500 倍，于移栽时结合定根水进行灌根。

黑胫病、根黑腐病：移栽时，使用 20% 噁霉·稻瘟灵乳油（移栽灵）1 000～1 500 倍液（一支移栽灵兑水 10～15 千克）蘸根或随定根水一起浇施；历史发病区域移栽期预防或发病初期每亩使用 21～25 克 80% 烯酰吗啉水分散粒剂稀释后喷淋茎基部，安全间隔期 14 天，建议稀释 2 000～4 000 倍液。

白粉病：在现蕾期或发病初期使用 30% 已唑醇悬浮剂 10～12 毫升/亩（稀释 4 000 倍液），或 5% 香芹酚水剂生物农药 30～50 毫升/亩（稀释

1 500倍液）进行叶面喷雾，安全间隔期10天。烤期应于采烤后当天或第二天施药，并间隔10～12天后再采烤。

病毒病（黄瓜花叶病毒、烟草花叶病毒、马铃薯Y病毒）：实行清洁生产、提高烟株抗性、避免人为传播、及时防治烟蚜，合理施用抗病毒剂等措施综合防治。团棵期或发病初期5%氨基寡糖素水剂1 000倍液，或30%混脂·络氨铜水乳剂1 000倍液+0.1%硫酸锌混配，或24%混脂·硫酸铜水乳剂600～900倍液进行叶面喷雾，间隔10～15天可再喷1次。针对蚜传病害（黄瓜花叶病毒、马铃薯Y病毒），若有烟蚜，要一并进行烟蚜防治。

赤星病：若7月上旬雨水较多，需提前预防赤星病。发病初期可使用10%多抗霉素B可湿性粉剂70～100克/亩（稀释1 000倍液）进行叶面喷雾。间隔10～12天再施用1次，采烤期应于采烤后当天或第二天施药，并间隔10～12天后再采烤。

气候斑：团棵期使用80%波尔多液可湿性粉剂600～800倍液叶面喷雾1～2次预防气候斑，间隔时间7～10天。植保技术集成区实施1 000亩无人机飞防。

（八）防灾减灾

灾情发生后，由烟叶工作站及时向灾害应急办公室报告灾情并安抚好烟农情绪，灾害应急领导小组及技术人员立即前往灾害现场核实灾情，做出灾情评估，并通知保险公司进行定损理赔。针对各类自然灾害，随时掌握气候变化，做好烟叶各生育期主要病虫害的预测预报，做好灾害预防措施；灾害发生后，实行24小时值班制度，随时监测灾情动态，收集灾情信息，上报灾情，应急办公室核实灾情后，立即下拨抗灾经费与物资。对常见危害较大的干旱和雹灾制定具体应急预案，其余灾害发生后及时组织救灾。

八、烟叶采烤

（一）烤前准备

（1）做好烤前设备维修维护。逐户摸排2024年投烤烤房及其配套设施，烤前对投烤密集烤房进行空载运行，并对烤房设施设备进行一次全面维护保养。

（2）做好燃料保障工作。通过合作社集中供应、烟农自行采购等方式提早备足烘烤燃料，须采购生物质燃料 5 442 吨、煤 7 600 吨。

（3）做好培训工作。以实操为主，现场培训曲线烘烤、生物质燃料烤房的使用、分类编烟等操作。

（二）成熟采收

1. 目标

鲜烟叶成熟采收率 90% 以上，上部叶充分成熟一次性采（砍）烤 90% 以上。

下部叶：在移栽后 60～65 天，打顶后 7～10 天采摘，此时叶片基本色为绿色（绿多黄少），略有落黄的表现，叶龄 50～60 天，其特征一般为：主脉 2/3 发白，支脉 1/3 发白，茸毛部分脱落，叶尖下垂，叶片向下自然弯曲，采收时声音清脆，断面整齐。

中部叶：正常条件栽后 80～90 天，打顶后 20～30 天采摘中部叶，此时叶片基本色为黄绿色（青黄各半），叶面 2/3 以上落黄，叶龄 60～70 天，其特征一般为叶尖、叶缘落黄明显，有明显的黄色成熟斑且分布均匀，叶面茸毛脱落、富有光泽，主脉全白，支脉 1/2 发白，茎叶角度加大，叶片自然下垂成拱形，采收时声音清脆、断面整齐。

上部叶：正常条件栽后 90～120 天，打顶后 45～65 天采摘上部叶，此时叶片基本色为浅黄色（黄多绿少），叶片充分落黄，叶龄 70～90 天，其特征一般为叶面有皱褶，有明显的成熟斑点，有枯尖焦边现象，叶耳变黄，叶面茸毛脱落、富有光泽，主脉全白，支脉 2/3 以上变白发亮，茎叶角度明显增大接近直角，采收时声音清脆、断面整齐。

2. 采收方式

（1）按照"多熟多采、少熟少采、不熟不采"的原则，下部叶适熟采收，中部叶成熟采收，上部叶充分成熟采收。

（2）推行"两停一烤"采烤制，即下部叶（下二棚叶）采烤完，停烤 7～10 天再采中部叶，中部叶采烤完，停烤 10～15 天再开始采上部叶。

（3）实行"上部 4～6 片烟叶充分成熟一次性采（砍）烤"，即中部烟叶采烤结束后停烤足够时间、养好上部烟叶成熟度，采取上部 4～6 片烟叶一次性采收或砍收。

3. 采收次数

生长整齐、成熟一致的烟田，每次每株可采 2～3 片，生长不整齐、成熟不一致的烟田，应按照部位、根据成熟特征选择采收成熟的烟叶；上部4~6片烟叶充分成熟后，一次性采收或带茎砍收。一般情况下，一株烟5次左右采烤完毕。

（三）分类编装

目标：烟竿编烟每竿55~60扣，每扣编烟2~3片、束间均匀，烟夹编烟每竿装烟量10~14千克。

分类编烟：要求做到同竿同质，编好的烟竿按照不同成熟度分类存放。当天采收的烟叶当天完成编烟。

分类上炕：同一烤房要装同品种、同部位、同采收时间一致的烟叶，尽量做到同质同层。正常烟叶装烟时上下层竿距一致，含水量高的烟叶适当装稀，含水量少的烟叶适当装密。对于气流上升式烤房，变黄快、成熟度略高的鲜烟叶及轻度病叶装在底层，成熟度表现正常的鲜烟叶装在中层和上层；对于气流下降式烤房，变黄快、成熟度略高的鲜烟叶及轻度病叶装在顶层，成熟度表现正常的鲜烟叶装在中层和底层，观察窗周围装挂具有代表性的烟叶。每炕装鲜烟叶4 000~5 500千克，其中，下部烟叶装烟4 000~4 500千克，中部和上部烟叶装烟4 500~5 500千克；当天采收、编竿的烟叶当天装完，烤房必须装满，不留空隙。

（四）烟叶烘烤

目标任务：清洁能源烘烤60%以上，"十个关键稳温点"烘烤工艺执行100%，采烤损失率7%以下。

正常烟叶采用"十个关键稳温点"烘烤工艺进行烘烤，并结合鲜烟素质和天气情况进行适当调整，主要操作要点如下。

变黄阶段：点火升温并开启循环风机，烧小火将烤房温度升高至32~35℃，保持湿球温度32~34℃，稳温6~8小时直至叶尖变黄10厘米后将干球温度以每小时1℃的速度升至38℃，稳温16~22小时，控制湿球温度36~37℃，使80%左右的烟叶变黄至七八成。以1℃/2小时，将干球升温至40℃，湿球温度36~37℃，稳温时间6~10小时；然后干球升至42℃，湿球36~37℃，稳温16~22小时使整炕烟叶达到黄片青筋，叶片凋萎塌架、主脉变软。

定色阶段：干球温度以1℃/3小时升至45℃，湿球温度36~37℃，稳温6～10小时实现支脉断青发白；干球温度以1℃/3小时升至48℃，湿球温度37～38℃，稳温6～12小时，实现叶片半干、主脉褪青泛白，大部分烟叶达到小卷筒。以1℃/3小时升至50℃，湿球温度38℃，稳温6小时；再以1℃/2小时将干球升至54℃，湿球39℃，稳温14～16小时，直至叶片干燥大卷筒。

干筋阶段：以每小时1℃升温至60℃，湿球温度40℃，稳温4小时；以每小时1℃升温至68℃，湿球温度41℃，稳温30～36小时直至烟筋全干。

（五）特殊烟叶采烤

结合近年来特殊烟叶发生情况及天气预测，出现干旱天气烟叶受影响的概率较大，为提高含水量少烟叶采烤质量，对采烤方案进行优化，主要调整措施及技术要点如下。

1. 采编装要求

力求让烟叶达到叶脉变白发亮时采收，若干旱持续，当烟叶出现枯尖焦边时应及时采收；上部6片左右遇干旱天气，尽量采取带茎砍收；要在9：00之前完成采收，采"露水烟"，防采后暴晒；装炕应稀编竿、装满炕。

2. 烘烤策略

采用"高温保湿变黄，变黄阶段的湿球温度宜稍高，高温转火、加速定色"的烘烤策略。

3. 烘烤操作要点

（1）40℃高温促增湿。点火后用6～8小时升至40℃，干湿同步，稳温6小时左右，促使烟叶脱除适量水分，增加烤房内湿度，保证正常变黄。

（2）38℃保湿叶尖变黄。高温层叶片发软后，将温度降至38℃，湿球温度38℃，稳温保湿至高温层烟叶变黄三四成。

（3）40℃高温保湿变黄。再以1℃/2小时升至40℃，湿球温度39℃，稳至高温层烟叶变黄六七成。

（4）42℃适当排湿加速变黄。以1℃/2小时升至42℃，湿球温度37℃，稳至高温层烟叶部分一级支脉变白，失水达到主脉发软，低温层烟叶七八成黄，叶片发软。

（5）45℃慢升温充分变黄。以1℃/3小时升至45℃，保持湿球温度37～38℃，稳至中温层烟叶支脉基本变白，勾尖卷边。

（6）48℃稳升温定色。以1℃/2小时升至48℃，保持湿球温度38℃，稳至中温层烟叶主脉基本变白,叶片半干小卷筒。

(7)干筋阶段转入正常烘烤。

(六)下炕管理

烤干的烟叶经回潮后方可出炕,要防止回潮过度烟叶水分超限和回潮不够烟叶水分含量过低。下炕时去青去杂,分类成捆,做到精准下炕,将不适用烟叶处理在分级收购前。网格员逐户开展预检,指导烟农去青去杂、按炕次分类打捆,每捆重量控制在 5 千克左右,并做好烟叶打捆数量统计。分类打捆烟叶堆放在干净整洁、阴凉、干燥、通风的地方,堆放烟叶的地方不得堆放化肥、农药、易燃易爆物品。地面铺垫干净、完整、无破损防潮物,墙面也要铺贴,一般采用聚乙烯塑料薄膜,厚度 0.1~0.2 毫米,堆垛顶面、侧面用干净整洁深色布料覆盖。

(七)专业采烤

目标任务:推广采烤一体化 0.67 万亩、"1+N"专业化采烤 1.27 万亩以上,打造专业化采烤示范点 30 个以上。

组织管理:一是完善管理队伍建设。组建县、站、点烘烤专职岗位人员,在收购点(线)配备指导型职业烘师,健全完善烘烤管理队伍,实现县、站、点均有专人负责烟叶采烤工作。二是抓实服务队伍建设。抓实"两类"指导型职业烘师选聘,以收购点为单位,每个收购点至少配置 1 名指导型职业烘师,计划收购量 0.5 万担以上,负责协助烘烤主管抓好辖区内指导管理工作;以集群烤房点为单位,推选烘烤技术好、烟农认可度高的人员担任操作型职业烘师,负责指导专业采烤队伍采、分、编、装、下,并负责烘烤操作。抓实专业采烤队伍组建,按 10 座烤房或 200 亩左右配备 1 支 10~12 人的标准,通过烟区社会劳动力雇用、种烟农户互助等方式,组建采收、分类、编烟、装炕、下炕专业服务队,由职业烘师统一管理、集中培训、合理调配,提高作业标准和工作效率,着力解决好作业人员不稳定、请工难用工贵的问题。三是做好指导型职业烘师选聘。指导型职业烘师由烟草部门代为开展烘烤培训,培训合格后建议合作社进行选聘,负责采烤期间入户技术指导,督促成熟采收、分类编烟、烘烤工艺等关键技术的落实,建议合作社按照出勤天数、辖区烘烤质量、烟农满意度等几个方面进行评价验收。

（八）田间卫生清理

通过清理作物残株、烟地残膜等杂物实现田间卫生清理。在 10 月底前完成残株的清理工作，烟叶采收结束后，组织烟农拔出烟秆并集中堆放，在 11 月底前完成残膜的清理工作，在烟地深翻前拾捡残膜，抖散残膜上的泥土，清理出烟地晾干待回收。在残膜回收前再次抖散晾干的残膜，并组织农户将残膜统一运输到收购点进行回收。

九、烟叶收购

（一）收购时间

收购拟开秤时间为 8 月 15 日，关秤时间为 9 月 30 日，总收购天数为 45 天。

（二）收购模式

鸡场单元 9 个收购点，其中鸡场烟叶站 5 个收购点，马场烟叶站 4 个收购点。合作社按照 60 人 / 万担标准组建专业分级队伍，每个分级组 10 人标准组建专业队（其中 8 名分类工，1 名分类组长，1 名辅助工）。网格员逐户开展预检，指导烟农去青去杂、按炕次分类打捆，每捆重量控制在 5 千克左右，并做好烟叶打捆数量统计轮流交售，保证烟农交售等待时间不超过 4 小时。收购点配点长（主评）、司磅（微机）、仓管、质管关键岗位人员由烟草公司职工担任，主评、司磅（微机）、仓管不得相互兼任。

（三）质量管控

按照高效收购模式"规格成捆、分类预检、预约调度、入站初检、分类装筐、排筐评级、过磅交售、成包调运、复检入库"分别制定工作打算和要求。

1. 进度管控

按照日均收购量 2% 左右编制收购点（线）收购进度计划，通过电话、微信等线上或上门走访等方式，提高预约分级、收购执行率，保证烟农交售等待时间不超过 4 小时。

2. 质量管控

（1）统一等级质量标准。对照省局（公司）审定的新烟样品，以及市局

（公司）制作审定新烟收购指导样品，统一单元内烟叶收购等级质量感官尺度标准；新烟收购指导样品按照1站1点（线）各1套标准评审封签保存。

（2）严格坚持流程。专业分级严格坚持执行《烟叶专业分级散叶收购规范》（DB52/T 851—2022）作业规程和"一点两场"暨"1221"收购模式，采取两工位程序分级；严格执行"对、看、查、返、定"的流程准确评定等级；严格执行《初烤烟叶散叶成包技术规程》（DB52/T 1193—2017），确保成包烟叶装箱整齐，缝合严密，标识清晰完整。成包烟包执行一包一码，二维码标签统一单独缝牢于烟包一角，预防标签丢失。

（3）加强入户预检。网格员逐户开展预检，指导烟农去青去杂、按炕次分类打捆，每捆重量控制在5千克左右，并做好烟叶打捆数量统计。

（4）对样分收检验。分级收购环节执行"一样四点"对样分级收购，开展入户分炕制样、以户制样参比分级、对样评级、成包；参比样品制作以各等级质量中限为主，分级参比样每台各等级1把，每把20～30片，对筐参比样每个等级2～3千克，每天一换。

3. 原收原调

（1）双系统运行。按照"原级收购、原级成包、原级调运"要求，在烟叶收购、成包、入库、出库等环节坚持烟叶收购系统和全国统一烟叶生产经营管理平台同步全流程运行，烟叶收购系统过磅后，严格按照《收购站点打码及调运操作手册》完成烟叶打码、出库、调运手续，保障烟叶收购、储存、调拨数据安全。

（2）仓储管理。坚持"日盘存"制度，确保烟叶收购账目清楚，账实相符，出现数量损失的点（线）严格追赔。收购检查时应随机抽查10%以上收购点（线）。

（3）烟叶保管。坚持"预防为主，防治结合"原则，加强烟叶水分、温度、霉变、虫情等在库检查，及时采取通风、翻堆、摊晾等有效措施防止烟叶变质。

4. 非烟物质管控

在烟叶采摘、编烟、绑竿等环节禁止使用薄膜、尼龙绳等塑料制品，统一使用麻片和麻线，杜绝一类非烟物质；在烟农分类去青去杂环节指导烟农彻底清除二、三类非烟物质，统一专用捆扎带打捆，有效控制二、三类非烟物质；在分级、评级、成包等区域，合理设置烟叶杂物桶，收集各类非烟物质，筑牢最后一道防线。

5. 质量二级督导

实行质量二级督导，统一平衡全区范围等级质量感官尺度，指导整改纠偏，补齐短板弱项，提高烟叶商品整体质量；县局（分公司）质量总检每旬巡查各收购站点（线）1轮次，覆盖全部烟叶站全部收购点，烟叶站质量主检每周督查收购点（线）2轮次以上，100%覆盖全部收购点（线）。

6. 坚持"早晚会"制度

收购期间，每个收购点坚持"早会"制度，根据新烟样品，统一感官尺度，保持收购质量平稳；坚持"晚会"制度，分析当天收购烟叶等级质量数量，总结梳理当天收购存在问题，提出解决措施方法。各收购点点长负责做好早晚会记录。

附录二：烟叶定制化生产操作手册

Ⅰ. 贵州中烟摆金基地单元烟叶定制化生产操作手册

一、基本情况

（一）区域分布

贵州中烟摆金基地单元涵盖惠水县、龙里县、平塘县等区域，地处苗岭南端向广西丘陵过渡的斜坡地带，以喀斯特地貌为主，岩溶地貌为辅，属亚热带季风湿润气候区。平均海拔1 000米，常年烤烟种植面积2.9万亩，产量7.2万担左右。

（二）生产目标

烟叶产量：亩均收购量125～150千克。

田间长势：田间烟株发育良好、叶片开片充分、长势整齐一致，烟株腰鼓形，打顶后株高110～130厘米，有效叶片数16～20片，烟叶分层落黄明显。

外观质量：烟叶充分发育，成熟度好、光泽强、色度浓，油分足、弹性好,组织疏松,身份适中,颜色以浅橘黄色、橘黄色或深橘黄色为主。

化学成分:主要烟叶化学成分指标见表1,化学成分协调性指标见表2。

表1 烟叶化学成分指标

项目	指标 /%	
总糖	24～28	
还原糖	18～22	
烟碱	1.5～3.8	上部 2.8～3.8
		中部 2.0～2.8
		下部 1.5～2.0
钾	≥2	
氯	≤0.6	
淀粉	≤5	

表2 烟叶化学成分协调性指标

部位	糖碱比	两糖比	氮碱比	钾氯比
上部烟	6.0～10.0	≥0.75	0.6～0.8	≥4
中部烟	8.5～13.5		0.7～1.0	
下部烟	10.5～15.5		0.9～1.4	

(三)质量安全

多菌灵、二甲戊灵、甲基硫菌灵等禁用农药零检出,农残超限率管控在行业规定控制范围内;生物有机体、化工产品等一类非烟物质零检出,植物化纤制品、食品垃圾等二类非烟物质检出率≤0.066%。

二、种植品种

主栽品种云烟87,搭配K326和云烟301。

三、烟地选择

完成时限:9—11月。

围绕基本烟田规划区,按照小集中、大连片的思路,规划生态条件适宜、烟叶基础设施配套、交通便利、烟农基础好、生产水平高、烟叶质量好、种烟效益高的土地作为烟地。

四、烟地轮作

土烟：采取"烤烟→玉米（油菜）""烤烟→绿肥→玉米→绿肥→烤烟"的轮作模式，禁止选择施用含二氯喹啉酸、烟嘧磺隆、咪唑乙烟酸、氯嘧磺隆、唑嘧磺草胺、氟磺胺草醚、甲磺隆、异噁唑草酮等成分除草剂的太子参地和高粱地种植烤烟。

田烟："烤烟—水稻"2～3年轮作，采取"烤烟→油菜→水稻→烤烟"或"烤烟→水稻→烤烟"轮作模式。绿肥的作用以压青为主。

五、烟地翻犁

完成时限：9—12月。

前茬作物收获后，清除田间作物残体，包括秸秆、残膜等，确保田间及周边环境卫生清洁。

翻犁深度：田烟25厘米以上，土烟20厘米以上。

六、育苗

播种时间：2月5—15日。

壮苗标准：苗龄45～55天，茎高4～5厘米，茎秆粗壮、柔韧，茎围1.3～1.5厘米，功能叶4～5片，叶色浅绿色至绿色，根系发达，拔苗时根部基质不散、无病害，无虫害损伤。烟苗大小均匀、整齐一致，生长势强，壮苗率90%以上。

七、农家肥堆制

堆制时间：10—12月。

堆制数量：农家肥400～500千克/亩，油枯25～30千克/亩。

堆制方法：田间开挖"十"字形沟，农家肥、油枯、钙镁磷肥分层混匀堆积，中间留进气孔进行有氧堆制发酵。

八、开沟排水

完成时限：3月底前。

开沟时间：前作种植水稻的于水稻收获后进行开沟排水，其他土地于翻犁后开沟。

开沟标准：按照深沟高垄要求，易积水的平地开四边沟；连片田块开挖上下贯通的主沟，做到沟沟相通，确保排水顺畅。主排水沟深度≥50厘米（或深于犁底层≥10厘米）、宽度≥40厘米。辅排水沟深度40～50厘米（或开挖至犁底层即可）、宽度≥30厘米。面积≥5亩烟田开设"十"字或"井"字形排水沟。

九、绿肥压青

播种时间：油菜10月底前、豌豆8月底前。

播种量：油菜每亩播种2.0～2.5千克，豌豆每亩播种5～6千克。

压青：第二年2月底至3月上旬（茎秆木质化前），压青掩埋深度20厘米以上，避免茎叶裸露。每亩生物量1 000～1 500千克。

十、整地

完成时限：3月上旬。

使用大型拖拉机、微耕机等农机具对土壤进行旋耕，深度20厘米以上，做到无作物残茬，无残膜，土块细碎，地块平整。

十一、定垄向

完成时限：底肥施用前。

按照水流、光照和风向因地制宜确定。平地，顺风顺水确定垄向；缓坡地，原则上垂直于坡向确定垄向；公路沿线，垂直于公路确定垄向。

十二、施用底肥

完成时限：起垄前。

肥料种类：烤烟专用基肥（$N:P_2O_5:K_2O=10:10:25$）、自制发酵肥（含秸秆有机肥、农家肥）、发酵油枯等。

施肥方式：条施。

施肥标准：上等肥力地块施用烤烟专用基肥40～45千克/亩、农家肥400～500千克/亩、发酵油枯25～30千克/亩；中等肥力地块施用烤烟专用基肥 45～50 千克/亩、农家肥 400～500 千克/亩、发酵油枯 25～30 千克/亩。

十三、起垄

完成时限：4 月上旬前。

起垄行距：110 厘米。

起垄标准：垄高 ≥ 25 厘米，垄顶宽 30～35 厘米、垄底宽 60～80 厘米，垄体饱满、垄土细碎、垄向基本一致。

十四、集雨坑制作

制作时间：烟地起垄前。

制作标准：水源不便的烟地根据地块大小，按 0.5 千克/株用水量、1～2 个/亩的标准制作集水总量不低于 1 立方米的集雨坑。

十五、抢雨覆膜

完成时限：移栽前完成。

覆膜要求：烟地起垄完成后，待下透雨、土壤墒情适宜（土壤含水量达 60%～80%）时，及时覆膜，地膜紧贴垄面，四周压实，防止通风透气。

十六、破膜覆土

完成时限：与覆膜同步完成。

破膜：地膜覆盖后，在垄体中心线等距定点破膜（株距 55 厘米），破口直径达 18～20 厘米，破膜以后将破除的地膜及时清除出田间。

覆土：用细泥土覆盖破膜口，覆土要平、严、实，覆土厚度 3 厘米左右，破口完全密封住，呈"碟"形。

十七、适时移栽

1. 移栽时间

4 月 15—20 日（谷雨前）移栽。

2. 移栽密度

110 厘米 ×55 厘米。

3. 移栽方式

实行"1345"移栽方式,一座烤房 1 天、一个片区 3 天、一个烟叶站(线)4 天、一个县 5 天。

4. 操作流程

井窖制作:用井窖打孔器定点垂直成孔,井窖呈圆锥形,井窖口呈圆形,直径 8～10 厘米,深度 18～20 厘米。

流程化移栽:采用"1221"流程操作,即 1 人制作井窖,2 人丢苗入穴,2 人施淋定根水肥,1 人施药,将烟苗垂直轻丢于井窖内,烟苗入穴后不悬空。要求做到平看不见叶、斜看不见芯、俯看不见根。

淋定根水肥药:每亩用第一次水溶肥 2.5 千克作为定根肥,添加防治地老虎等地下害虫的菊酯类农药,兑水 250～300 千克(天干多加水),搅拌均匀。将定根水顺井壁淋下,严禁淋在烟苗心叶上,每株(窝)施定根水 0.25 千克以上。

防治蝼蛄:每个井窖内投放 3～4 粒嘧达,以防止野蝼蛄为害。

栽备用苗:每亩在垄体边缘同步移栽 30～50 株备用苗,同步管理。

"两水制窖移栽法"操作要点:移栽期遭遇持续干旱天气影响导致垄体墒情不足的,采取"定点→淋水(0.25 千克左右)→打孔(制作井窖)→丢苗入穴→淋施定根肥水药液(0.25～0.30 千克)"的方式进行移栽。

十八、田间管理

(一)栽后 1 个月管理

遵循三分栽七分管、边栽边管的原则,强化栽后一个月管理工作。

1. 查苗补缺

完成时限:移栽后 5 天内。

栽后及时查苗补缺,避免缺窝断行,对病苗、老苗、弱苗及时用同一品种补栽并偏重管理;同步检查地膜覆盖是否严实,排水系统是否通畅。

2. 追肥

肥料种类:烤烟专用追肥($N:P_2O_5:K_2O=15:0:30$)。

追肥方式:分两次施用。

第一次追肥:移栽后 7～10 天,亩用烤烟专用追肥 3～5 千克兑水 150 千克以上施用,每株用量 0.15 千克以上。

第二次追肥：移栽后 20～25 天，亩用烤烟专用追肥 10～12 千克兑水 150 千克以上施用，每株用量 0.15 千克以上。硫酸钾结合第二次追肥施用。

质量标准：不漏施、不烧苗、不烧心、不烧根。

3. 填土封窝

完成时限：移栽后 25 天以内。

当全田 80% 烟苗生长点高于井窖口 1～2 厘米时，进行破壁、扩大膜口，并用湿润细土填封井窖，压实膜口。封土高度略高于垄面，须露出心叶。

（二）中耕培土

完成时限：团棵至旺长期。

对长势弱的烟苗实行中耕培土，长势正常的烟苗实行全生育期覆膜。

（三）病虫草害防治

1. 病虫害防治

采取以农业防治为基础、生物防治为主体、物理防治为辅助、化学防治为补充的综合防治措施。烟叶采收前 15 天内禁止施用任何农药（表3）。

表3　病虫害防治使用的农药类型

类型	防治对象	农药名称	施药方法
虫害	烟蚜	噻虫嗪、吡蚜酮	见说明书
	小地老虎	烟碱、丁硫·甲维盐、溴氰菊酯	
	烟青虫、棉铃虫和斜纹夜蛾	苏云金杆菌、苦参碱、高氯·甲维盐	
根茎性病害	青枯病	多黏类芽孢杆菌、氯溴异氰尿酸、噻霉酮	
	黑胫病	吲唑磺菌胺、精甲霜·锰锌	
病毒类病害	病毒病	氨基寡糖素、香菇多糖、超敏蛋白	
叶斑类病害	赤星病	多抗霉素、嘧菌酯·苯醚甲环唑	
	白粉病	腈菌唑	
	野火病	春雷霉素、波尔多液、噻菌铜	
	靶斑病	井冈霉素、苯醚甲环唑	
	棒孢霉叶斑病	咪鲜胺、多抗霉素	

2. 草害防治

芽前除草：于覆膜前、覆膜后行间或烟苗移栽前，根据杂草种类，选用精异丙甲草胺、异丙甲草胺等除草剂均匀喷雾烟垄和行间土壤。

芽后除草：烟苗移栽后，根据杂草发生情况，选用砜嘧磺隆水分散粒剂、精喹禾灵·异噁草松乳油等除草剂定向茎叶喷雾防治行间杂草。

（四）打顶抹芽

1. 打顶抹芽

操作时间：烟叶移栽后60天左右、烟株充分拔节现花。

操作方法：

长势偏弱的田块：实施拔节现蕾打顶，打掉≤（20±2）厘米的顶叶，打顶株高110厘米左右，总留叶18～20片。

烟株长势正常的田块：实施拔节现花打顶，打掉≤（20±2）厘米的顶叶，打顶株高120厘米左右，总留叶20～22片（贵烟20品种多留2片左右）。

长势过旺的田块：实施拔节现花打顶，打掉花序，保留2片护花叶，打顶株高130厘米左右，总留叶22～24片（贵烟20品种多留2片左右）。

打顶后24小时内应施用抑芽剂，采烤前10天，烟田禁止施用抑芽剂。

按照先健株后病株的顺序打顶，打掉的烟花烟杈，以及清除的底脚叶和病残叶，清理出烟田集中处理。

2. 打叶留茎

根据烟株长势长相，打掉花序及护花叶以上长度小于（20±2）厘米的无效叶，保留1～2个节位茎秆，避免伤及顶叶，降低烟株空茎病害的发病概率，改善上部烟叶叶片结构。

（五）不适用鲜烟叶处理

打顶时根据工业原料需求，同步处理烟株下部发育不良的3～5片烟叶；结合烤点分类编烟工作的开展，剔除病残叶、过熟叶；弃烤开片不充分、叶片僵硬的上部1～2片烟叶。

十九、烘烤准备

遵循"房等烟"的原则，6月20日前，备足烘烤燃料、烟竿或烟夹、编烟绳、发电机组，完成烤房检查、卫生清理、烘烤设施设备检修维护及安装调试等准备工作。按照种植面积备足储烟场地，确保场地干燥、密闭、整洁、无杂物、无异味。

二十、成熟采收

（一）采收原则

下部叶适时早采、中部叶成熟采收、上部叶充分成熟采收。

（二）采收时间

栽后 60～70 天开始采收，白露前采完。宜在晴天早晨和上午进行采收，多云或阴天可全天采收。干旱气候条件下，宜采露水烟。烟叶成熟后若遇阵雨，应待雨停后及时采收。持续降雨导致烟叶出现返青，应待雨停后烟叶重新表现成熟特征时再进行采收。

（三）采收标准

下部叶：叶片颜色呈黄绿色（以绿色为主），主脉变白、支脉淡绿、茸毛部分脱落时及时早采。

中部叶：叶面绿黄色（黄绿各半），茸毛基本脱落、主脉变白发亮、支脉绿白、叶面明显下垂时采收。

上部叶：叶面起皱、呈现八九成黄（黄多绿少），主脉全白发亮、支脉浅白、茸毛大部分脱落、黄白色成熟斑明显时采收，上部 4～6 片叶一次性采（砍）收，以倒数第二叶位成熟后为最佳采收时间。

（四）采收方法

下部叶采收 3～4 片，中部叶每次采 2～3 片，上部 4～6 片叶充分成熟一次性采（砍）收。

（五）运输堆放

使用清洁包烟片包裹采后烟叶，清洁车辆装运，运回烤点编烟区后，整齐摆放于阴凉处，采收和装运堆放烟叶过程中防止机械损伤、晒伤、萎蔫，当天采收烟叶当天编烟装炕开烤。

二十一、编烟上炕

(一) 分类编烟

在烤房点按照尚熟、成熟、过熟对采后鲜烟叶进行分类，剔除病残等无商品价值的烟叶。

烟竿编烟：每束烟叶的基部对齐，烟叶叶背相靠，每扣编烟 2～3 片，每扣之间距离均匀，每竿编烟 60～70 扣，烟竿两头各空出 5～8 厘米。

编烟机编烟：运用简易编烟机、结合烤点分级桌，实施编烟机编烟，编烟时每束烟叶的基部对齐，叶背相靠，每扣编烟 2～3 片，每扣之间距离均匀，每竿编烟 60～70 扣，烟竿两头各空出 5～8 厘米。

烟夹夹烟：在烟夹操作台上完成夹烟过程，夹烟时烟叶应摆放均匀，叶片抖散，密度均匀一致，插针位置距烟叶基部 10～15 厘米处。内宽 6 厘米的烟夹 10～12 千克/夹，内宽 8 厘米的烟夹 12～15 千克/夹，下部叶或含水量大的烟叶以下限、上部叶或含水量小的烟叶以上限，烟夹饱满夹紧为准。

上部 4～6 片砍烤挂烟：挂竿时将第二位烟叶与茎掰开，横跨倒挂在烟竿上。一般每竿挂 30 株左右。

(二) 装炕

分类装烟：成熟度高的装在高温层，成熟度适中的装在中温层，成熟度差的装在低温层，做到同一层成熟度基本一致。

装烟量：挂竿装烟，每炕 300～350 竿；烟夹装烟，每炕 280～330 夹；一次性砍烤装烟，每炕在 280 竿左右。

装烟要求：装密、装匀、装满，不留空隙，当天采收烟叶当天编烟装炕。

二十二、烟叶烘烤

1. 完成时限

9 月中旬。

2. 烘烤工艺

采用"十个关键稳温点"烘烤工艺。

3. 技术要点

38℃叶片变黄，40℃全炕叶片发软，42℃全炕黄片青筋、主脉变软，

45℃低温层支脉变白、叶尖叶缘干燥、叶片凋萎、主脉充分发软，48℃全炕主脉泛白、烟叶小卷筒，51℃全炕主脉变黄、叶片半干，54℃主脉全黄、全炕叶片干燥大卷筒。

4. 技术关键

根据鲜烟叶素质、烟叶部位，合理设置工艺曲线。在烘烤过程中，须根据烟叶变黄程度和失水状态，适当调整各稳温点的烘烤时间。

根据装烟密度、烟叶含水量选择湿球温度的上限或下限。装烟密度大、烟叶含水量高，选湿球温度的下限。

干球38℃以前，循环风机采用低速（960转/分钟）运行；干球38℃以后，循环风机采用高速（1 440转/分钟）运行；干球65℃之后，可采用低速运行，如果湿球温度高于目标，则需要高速运行。

烟叶的变黄和失水状态判定以中间层为准。

二十三、回潮、下炕与储存

完成时限：9月底。

（一）回潮

回潮指标：叶片柔软有弹性，手摸烟叶有油润而无湿手感，主筋一折即断。

自然回潮：烟叶干筋后，停止加热，风机继续运行，当烤房温度降低到45℃时停机，依次打开进风口、排湿口和烤房门，使烟叶自然吸潮。

（二）下炕

结合烟叶烘烤解竿下炕专业化分类打捆工作的开展，实施烟叶收购去青杂工位前移至烤房群。

1. 炕次色带标记

下炕时轻拿轻放，避免烟叶损伤、掉落，去青去杂定量打捆后，利用红、黄、蓝、白4种不同颜色的预检绳（或绳头染色），依炕次标志（第一炕次红色、第二炕次黄色、第三炕次蓝色、第四炕次白色，后续炕次循环使用），确保炕次（部位）分清。

2. 标准箱规范成捆

采用统一制作长70厘米、宽20厘米、高26厘米标准打捆箱松散规范打捆，单捆重量3千克以内。

3. 工序流程化操作

烤点实施"111"工位流程化操作，即1人解竿下炕、1人去青杂分类、1人色带分类规范打捆。

（三）分炕储存

烟叶分类打捆后分炕次堆放，烟堆底部铺设防潮层，烟堆外部用深色覆盖物遮盖，避免阳光直射、回潮过度，防止虫蛀、霉变和异物混入。

Ⅱ. 黔南州湖南中烟原料生产调拨区域烟叶定制化生产操作手册

一、基本情况

（一）区域分布

黔南州湖南中烟原料生产调拨区域涉及4个乡（镇），常年烟叶种植面积1.65万亩，其中天文镇2 900亩、江界河镇1 900亩、珠藏镇6 100亩、猴场镇5 600亩。

（二）生产目标

烟叶产量：亩均收购量125～150千克/亩。

田间长势：田间烟株开片充分、长势整齐一致，烟株呈腰鼓形；打顶后株高（120±10）厘米，有效叶数16～20片，腰叶长度不超过80厘米，烟叶分层落黄明显。

外观质量：烟叶充分发育，成熟度好、光泽强、色度浓，油分足、弹性好，组织疏松，身份适中，颜色以浅橘黄色、橘黄色或深橘黄色为主。

烟碱控制：烟碱含量控制在1.5%～3.8%范围内，其中上部叶2.8%～3.8%，中部叶2.0%～2.8%，下部叶1.5%～2.0%（表1）。

表1　烟碱含量

项目	含量/%	
烟碱	1.5～3.8	上部2.8～3.8
		中部2.0～2.8
		下部1.5～2.0

质量安全：多菌灵、二甲戊灵、甲基硫菌灵等禁用农药零检出，农残超限率管控在行业规定控制范围内；生物有机体、化工产品等一类非烟物质零检出，植物化纤制品、食品垃圾等二类非烟物质检出率≤0.066%。

二、种植品种

云烟87为主栽品种，搭配种植贵烟20、云烟301、贵烟300。

三、烟地选择

完成时限：9—11月。

在基本烟田规划区，围绕天文镇、江界河镇、珠藏镇、猴场镇4个镇为中心，围绕育苗工场、烤房点，结合政府产业种植布局，烟路、烤房等设施配套齐全，近年无严重根茎病史、耕作层深厚、土壤肥力中上等、坡度小于25°、相对集中连片、交通便利的土地作为烟地。

四、烟地轮作

采取"烤烟→玉米（油菜）""烤烟→绿肥→玉米→绿肥→烤烟"的轮作模式，禁止选择施用含二氯喹啉酸、烟嘧磺隆、咪唑乙烟酸、氯嘧磺隆、唑嘧磺草胺、氟磺胺草醚、甲磺隆、异噁唑草酮等成分除草剂的太子参地和高粱地种植烤烟。

五、烟地翻犁

完成时限：9—12月。

前茬作物收获后，清除田间作物残体，包括秸秆、残膜等，确保田间及周边环境卫生清洁。

翻犁深度：田烟25厘米以上，土烟20厘米以上。

六、育苗

播种时间：2月5—15日。

壮苗标准：苗龄45～55天，茎高4～5厘米，茎秆粗壮、柔韧，茎围1.3～1.5厘米，功能叶4～5片，叶色浅绿色至绿色，根系发达，拔苗时根部基质不散、无病害，无虫害损伤。烟苗大小均匀、整齐一致，生长势强，壮苗率 90% 以上。

七、农家肥堆制

堆制时间：10—12 月。

堆制数量：农家肥 400～500 千克/亩，油枯 25～30 千克/亩。

堆制方法：田间开挖"十"字形沟，农家肥、油枯、钙镁磷肥分层混匀堆积，中间留进气孔进行有氧堆制发酵。

八、开沟排水

完成时限：3 月底前。

开沟时间：前作种植水稻的于水稻收获后进行开沟排水，其他土地于翻犁后开沟。

开沟标准：按照深沟高垄要求，易积水的平地开四边沟；连片田块开挖上下贯通的主沟，做到沟沟相通，确保排水顺畅。主排水沟深度≥50 厘米（或深于犁底层≥10 厘米）、宽度≥40 厘米。辅排水沟深度 40～50 厘米（或开挖至犁底层即可）、宽度≥30 厘米。面积≥2 亩的烟地应开设主排水沟，面积≥5 亩烟田开设"十"字形或"井"字形排水沟。

九、绿肥压青

播种时间：油菜 10 月底前、豌豆 8 月底前。

播种量：油菜每亩播种 2.0～2.5 千克，豌豆每亩播种 5～6 千克。

压青：第二年 2 月底至 3 月上旬（茎秆木质化前），压青掩埋深度 20 厘米以上，避免茎叶裸露。每亩生物量 1 000～1 500 千克。

十、整地

完成时限：3 月上旬。

使用大型拖拉机、微耕机等农机具对土壤进行旋耕，深度 20 厘米以上，做到无作物残茬，无残膜，土块细碎，地块平整。

十一、定垄向

完成时限：底肥施用前。

按照水流、光照和风向因地制宜确定垄向。平地，顺风顺水确定垄向；缓坡地，原则上垂直于坡向确定垄向；公路沿线，垂直于公路确定垄向。

十二、施用底肥

完成时限：起垄前。

肥料种类：烤烟专用基肥（$N:P_2O_5:K_2O=10:10:25$）、自制发酵肥（含秸秆有机肥、农家肥）、发酵油枯、钙镁磷肥等。

施肥方式：条施。

施用标准：上等肥力地块施用烤烟专用基肥 40～45 千克/亩、农家肥 400～500 千克/亩、发酵油枯 25～30 千克/亩；中等肥力地块施用烤烟专用基肥 45～50 千克/亩、农家肥 400～500 千克/亩、发酵油枯 25～30 千克/亩。

十三、起垄

完成时限：4月上旬前。

起垄行距：110 厘米。

起垄标准：垄高 ≥ 25 厘米，垄顶宽 30～35 厘米，垄底宽 60～80 厘米，垄体饱满、垄土细碎、垄向基本一致。

十四、集雨坑制作

制作时间：烟地起垄前。

制作标准：水源不便烟地根据地块大小，按 0.5 千克/株用水量、1～2 个/亩的标准制作集水总量不低于 1 立方米的集雨坑。

十五、抢雨覆膜

完成时限：移栽前完成。

覆膜要求：烟地起垄完成后，待下透雨、土壤墒情适宜（土壤含水量达 60%～80%）时，及时覆膜，地膜紧贴垄面，四周压实，防止通风透气。

十六、破膜覆土

完成时限：与覆膜同步完成。

破膜：地膜覆盖后，在垄体中心线等距定点破膜（株距55厘米），破口直径达 18～20 厘米。破膜以后将破除的地膜及时清除出田间。

覆土：用细泥土覆盖破膜口，覆土要平、严、实，覆土厚度 3 厘米左右，破口完全密封住，呈"碟"形。

十七、适时移栽

1. 移栽时间

4 月 12—16 日（谷雨前）移栽。

2. 移栽密度

110 厘米 ×55 厘米。

3. 移栽方式

实行"1345"移栽方式，一座烤房 1 天、一个片区 3 天、一个烟叶站（线）4 天、一个县 5 天。

4. 操作流程

井窖制作：用井窖打孔器定点垂直成孔，井窖呈圆锥形，井窖口呈圆形，直径 8～10 厘米，井窖深度 18～20 厘米。

流程化移栽：采用"1221"流程操作，即 1 人制作井窖，2 人丢苗入穴，2 人施淋定根水肥，1 人施药，将烟苗垂直轻丢于井窖内，烟苗入穴后不悬空。要求做到平看不见叶、斜看不见芯、俯看不见根。

淋定根水肥药：每亩用第一次水溶肥 2.5 千克作为定根肥，添加防治地老虎等地下害虫的菊酯类农药，兑水 250～300 千克（天干多加水），搅拌均匀。将定根水顺井壁淋下，严禁淋在烟苗心叶上，每株（窝）施定根水 0.25 千克以上。

防治蛞蝓：每个井窖内投放 3～4 粒嘧达，以防止野蛞蝓为害。

栽备用苗：每亩在垄体边缘同步移栽 30～50 株备用苗，同步管理。

十八、田间管理

（一）栽后 1 个月管理

遵循三分栽七分管、边栽边管的原则，强化栽后一个月管理工作。

1. 查苗补缺

完成时限：移栽后 5 天内。

栽后及时查苗补缺，避免缺窝断行，对病苗、老苗、弱苗及时用同一品种补栽并偏重管理；同步检查地膜覆盖是否严实，排水系统是否通畅。

2. 追肥

肥料种类：烤烟专用追肥（$N:P_2O_5:K_2O=15:0:30$）。

追肥方式：分两次施用。

第一次追肥：移栽后 7～10 天，亩用烤烟专用追肥 3～5 千克兑水 150 千克以上施用，每株用量 0.15 千克以上。

第二次追肥：移栽后 20～25 天，亩用烤烟专用追肥 10～12 千克兑水 150 千克以上施用，每株用量 0.15 千克以上。硫酸钾结合第二次追肥施用。

质量标准：不漏施、不烧苗、不烧心、不烧根。

3. 填土封窝

完成时限：移栽后 25 天以内。

全田 80% 烟苗生长点高于井窖口 1～2 厘米时，进行破壁、扩大膜口，并用湿润细土填封井窖，压实膜口。封土高度略高于垄面，须露出心叶。

（二）中耕培土

完成时限：团棵至旺长期。

对长势弱的烟苗实行中耕培土，对长势正常烟苗实行全生育期覆膜。

（三）病虫草害防治

1. 病虫害防治

采取以农业防治为基础、生物防治为主体、物理防治为辅助、化学防治为补充的综合防治措施（表2）。烟叶采收前 15 天内禁止施用任何农药。

表 2　烟叶病虫害防治药剂

类型	防治对象	农药名称	施药方法
虫害	烟蚜	噻虫嗪、吡蚜酮	见说明书
	小地老虎	烟碱、丁硫·甲维盐、溴氰菊酯	
	烟青虫、棉铃虫和斜纹夜蛾	苏云金杆菌、苦参碱、高氯·甲维盐	
根茎性病害	青枯病	多黏类芽孢杆菌、氯溴异氰尿酸、噻霉酮	
	黑胫病	吲唑磺菌胺、精甲霜·锰锌	
病毒类病害	病毒病	氨基寡糖素、香菇多糖、超敏蛋白	

（续表）

类型	防治对象	农药名称	施药方法
叶斑类病害	赤星病	多抗霉素、嘧菌酯·苯醚甲环唑	见说明书
	白粉病	腈菌唑	
	野火病	春雷霉素、波尔多液、噻菌铜	
	靶斑病	井冈霉素、苯醚甲环唑	
	棒孢霉叶斑病	咪鲜胺、多抗霉素	

2. 草害防治

芽前除草：于覆膜前、覆膜后行间或烟苗移栽前，根据杂草种类，选用精异丙甲草胺、异丙甲草胺、仲丁灵·异噁草松等除草剂均匀喷雾烟垄和行间土壤。

芽后除草：烟苗移栽后，根据杂草发生情况，选用砜嘧磺隆水分散粒剂、精喹禾灵·异噁草松乳油等除草剂定向茎叶喷雾防治行间杂草。

（四）打顶抑芽

1. 打顶抹芽

操作时间：移栽后60天左右烟株拔节现花打顶。

操作方法：

长势偏弱的田块：实施拔节现蕾打顶，打掉≤（20±2）厘米的顶叶，打顶株高110厘米左右，总留叶18～20片。

烟株长势正常的田块：实施拔节现花打顶，打掉≤（20±2）厘米的顶叶，打顶株高120厘米左右，总留叶20～22片（贵烟20品种多留2片左右）。

长势过旺的田块：实施拔节现花打顶，打掉花序，保留2片护花叶，打顶株高130厘米左右，总留叶22～24片（贵烟20品种多留2片左右）。

打顶后24小时内应施用抑芽剂，采烤前10天，烟田禁止施用抑芽剂。

按照先健株后病株的顺序打顶，打掉的烟花烟杈，以及清除的底脚叶和病残叶，清理出烟田集中处理。

2. 打叶留茎

根据烟株长势长相，打掉花序及护花叶以上长度小于（20±2）厘米的无效叶，保留1～2个节位茎秆，避免伤及顶叶，降低烟株空茎病害的发病概率，改善上部烟叶叶片结构。

（五）不适用鲜烟叶处理

打顶时根据工业原料需求，同步处理烟株下部发育不良的 3～5 片烟叶；结合烤点分类编烟工作的开展，剔除病残叶、过熟叶；弃烤开片不充分、叶片僵硬的上部 1～2 片烟叶。

十九、烘烤准备

遵循"房等烟"的原则，6 月 10 日前，备足烘烤燃料、烟竿或烟夹、编烟绳、发电机组，完成烤房检查、卫生清理、烘烤设施设备检修维护及安装调试等准备工作。按照种植面积备足储烟场地，确保场地干燥、密闭、整洁、无杂物、无异味。

二十、成熟采收

（一）采收原则

下部叶适时早采、中部叶成熟稳采、上部叶充分成熟采收。

（二）采收时间

宜在晴天早晨和上午进行采收，多云或阴天可全天采收。干旱气候条件下，宜采露水烟。烟叶成熟后若遇阵雨，应待雨停后及时采收。持续降雨导致烟叶出现返青，应待雨停后烟叶重新表现成熟特征时再进行采收。

（三）采收标准

下部叶：叶片颜色呈绿黄色（以绿色为主）、主脉变白、支脉淡绿、茸毛部分脱落时及时早采。一般在栽后 60～70 天采收。

中部叶：叶面浅黄色（黄绿各半）、茸毛基本脱落、主脉变白发亮、支脉绿白、叶面明显下垂时采收。

上部叶：叶面起皱、呈现八九成黄（黄多绿少），主脉全白发亮、支脉浅白、茸毛大部分脱落、黄白色成熟斑明显时采收，烤房容量充足的，上部 4～6 片叶充分成熟一次性采（砍）收，以倒数第二叶位成熟后为最佳采收时间。

（四）采收方法

下部叶采收 3～4 片，中部叶每次采 2～3 片，上部 4～6 片叶充分成熟一次性采（砍）收。

（五）运输堆放

使用清洁包烟片包裹采后烟叶，清洁车辆装运，运回烤点编烟区后，整齐摆放于阴凉处，采收和装运堆放烟叶过程中防止机械损伤、晒伤、萎蔫，当天采收烟叶当天编烟装炕开烤。

二十一、编烟上炕

完成时限：采收当天。

（一）分类编烟

在烤房点按尚熟、成熟、过熟对采后鲜烟叶进行分类，剔除病残等无商品价值的烟叶。

烟竿编烟：每束烟叶的基部对齐，烟叶叶背相靠，每扣编烟 2～3 片，每扣之间距离均匀，每竿编烟 60～70 扣，烟竿两头各空出 5～8 厘米。

编烟机编烟：运用简易编烟机、结合烤点分级桌，实施编烟机编烟，编烟时每束烟叶的基部对齐，叶背相靠，每扣编烟 2～3 片，每扣之间距离均匀，每竿编烟 60～70 扣，烟竿两头各空出 5～8 厘米。

烟夹夹烟：在烟夹操作台上完成夹烟过程，夹烟时烟叶应摆放均匀，叶片抖散，密度均匀一致，插针位置距烟叶基部 10～15 厘米处。内宽 6 厘米的烟夹 10～12 千克/夹，内宽 8 厘米的烟夹 12～15 千克/夹，下部叶或含水量大的烟叶以下限、上部叶或含水量小的烟叶以上限，烟夹饱满夹紧为准。

上部 4～6 片砍烤挂烟：挂竿时将第二位烟叶与茎掰开，横跨倒挂在烟竿上。一般每竿挂 30 株左右。

（二）装炕

分类装烟：成熟度高的装在高温层，成熟度适中的装在中温层，成熟度差的装在低温层，做到同一层成熟度基本一致。

装烟量：挂竿装烟，每炕 300～350 竿；烟夹装烟，每炕 280～330 夹；

一次性砍烤装烟，每炕在 280 竿左右。

装烟要求：装密、装匀、装满，不留空隙，当天采收烟叶当天编烟装炕。

二十二、烟叶烘烤

1. 完成时限

9 月中旬。

2. 烘烤工艺

采用"十个关键稳温点"烘烤工艺。

3. 技术要点

38℃叶片变黄，40℃全炕叶片发软，42℃全炕黄片青筋、主脉变软，45℃低温层支脉变白、叶尖叶缘干燥、叶片凋萎、主脉充分发软，48℃全炕主脉泛白、烟叶小卷筒，51℃全炕主脉变黄、叶片半干、54℃主脉全黄、全炕叶片干燥大卷筒。

4. 技术关键

根据鲜烟叶素质、烟叶部位，合理设置工艺曲线。在烘烤过程中，须根据烟叶变黄程度和失水状态，适当调整各稳温点的烘烤时间。

根据装烟密度、烟叶含水量选择湿球温度的上限或下限。装烟密度大、烟叶含水量高，选湿球温度的下限。

干球 38℃以前，循环风机采用低速（960 转／分钟）运行；干球 38℃以后，循环风机采用高速（1 440 转／分钟）运行；干球 65℃之后，可采用低速运行，如果湿球温度高于目标，则需要高速运行。

烟叶的变黄和失水状态判定以中间层为准。

二十三、回潮、下炕与储存

完成时限：9 月底。

（一）回潮

回潮指标：叶片柔软有弹性，手摸烟叶有油润而无湿手感，主筋一折即断。回潮到可正常卸烟的状态，烟叶含水量 13% ～ 14%。

自然回潮：烟叶干筋后，停止加热，风机继续运行，当烤房温度降低到 45℃时停机，依次打开进风口、排湿口和烤房门，使烟叶自然吸潮。

（二）下炕

结合烟叶烘烤解竿下炕专业化分类打捆工作的开展，实施烟叶收购去青杂工位前移至烤房群。

1. 炕次色带标记

下炕时轻拿轻放，避免烟叶损伤、掉落，去青去杂定量打捆后，利用红、黄、蓝、白4种不同颜色的预检绳（或绳头染色），依炕次标志（第一炕次红色、第二炕次黄色、第三炕次蓝色、第四炕次白色，后续炕次循环使用），确保炕次（部位）分清。

2. 标准箱规范成捆

采用统一制作长70厘米、宽20厘米、高26厘米标准打捆箱松散规范打捆，单捆重量3千克以内。

3. 工序流程化操作

烤点实施"111"工位流程化操作，即1人解竿下炕、1人去青杂分类、1人色带分类规范打捆。

（三）分炕储存

烟叶分类打捆后分炕次堆放，烟堆底部铺设防潮层，烟堆外部用深色覆盖物遮盖，避免阳光直射、回潮过度，防止虫蛀、霉变和异物混入。

附录三："贵烟"品牌原料——安顺紫云烟叶高油分定制化开发案例

一、合作概况

安顺市紫云苗族布依族自治县与贵州中烟合作源于2005年共建的"贵紫"烟叶基地，2021年3月省局（公司）和贵州中烟领导到紫云调研烤烟生产，提出"紫云烟叶要融入品牌发展大局，打好'烟叶特色彰显战'"的要求，工商协同开启"贵烟"品牌原料——安顺紫云烟叶高油分定制化开发，以充分挖掘紫云烟叶"高油分"特色烟叶适配"贵烟"高端品牌原料需求，定制开发彰显紫云山地"细腻、柔和、回甜感好"的风格特色烟叶为目标，以科研项目技术攻关为支撑，以"五共""五定"定制化生产为抓手，持续构建完善烟叶定制化生产需求识别、生产技术、质量评价体系，推动需求同向、生产同行、技术同步、发展同频的工商协同原料定制新模式。

二、需求识别

以"贵烟"高端品牌原料需求，聚焦贵州中烟反馈紫云烟叶存在问题，如在化学成分协调性方面存在上部烟叶烟碱含量偏高、两糖比偏低，外观质量方面存在油分不足、柔软度不够，感官质量方面存在香韵不突出，稍欠甜感，刺激稍显，稍有枯焦、木质杂气。工商研共同集中解读，将工业企业反馈紫云烟叶问题解读为生态区选择、农艺技术研发、质量管理措施，通过科技项目开展关键技术联合攻关，持续优化生产技术体系。

三、定制措施

通过全方面调查和大田试验，从烟区生态环境、土壤特性、施肥措施、采收措施等各种影响因素中分析影响烟叶品质的相关性，筛选影响安顺市紫云烟区烟叶品质的关键栽培影响因素，结合关键影响因素通过调控措施促进烟株生长、提升烟叶品质，结合高品质烟叶形成的主要影响因素，集成"贵烟"品牌原料——安顺紫云烟叶高油分定制化开发关键技术。

（一）强化组织保障，完善协同机制

工商共同成立领导小组，加强对定制化生产工作调度、检查、督导，研究解决开发过程中存在的各种问题，为定制化开发工作提供强有力的组织保障。建立协同机制，通过定期和不定期召开座谈会、烟叶评吸鉴评会、实地调研等形式，协同抓好原料需求传导、技术方案制定培训、产购过程督导、关键技术落实、烟叶质量评价等重点工作。2021年以来共召开座谈会12次，田间评价调研10余次，田间鉴评4次，开展烟叶评吸4次。

（二）优化烟区布局，夯实品质基础

一是坚持区域特色化。坚持依托特色区域开展特色烟叶开发，综合考虑烟区地理区位、生态特点、土壤类型等因素（海拔900～1 300米，多年平均气温15℃，无霜期>280天，年平均日照时数1 455.3小时，降水量1 337毫米，5—9月降水量占全年85%；土壤类型以黄沙壤或黄壤和紫色土为主），

将与紫云地理生态相似的西秀区鸡场乡、新场乡、岩腊乡、杨武乡等区域划入紫云特色烟叶产区，形成以紫云为核心的定制化生产区域，产能规模达到5万担，为定制化烟叶原料供给提供保障。二是坚持品种优质化。从生态适应性，以及原料在"贵烟"一、二类品牌适配性等方面确定主栽品种为云烟87，搭配贵烟20等后备品种。三是坚持资源集中化。在划定的紫云特色烟叶产区，以年度烟叶评价结果为依据，以"千亩村、万担乡"打造为抓手，推动计划资源向烟叶品质优、评吸质量好的乡镇、村组倾斜，确保烟叶原料品质稳定、风格突出、均质性好。四是坚持地块优质化。坚持以小坝子、低丘陵、缓坡地为主，着力优化植烟地块，确保山地烟95%以上，田烟控制在5%以内，好田好土95%以上；土壤肥力适中，pH值6.5～7.5，集中连片比例80%以上。

（三）优化技术体系，精准实施定制

坚持问题导向，重点从解决安顺烟叶香气量不足，地方性杂气较重、甜感不显等问题着手，通过开展调查研究，科研攻关等方式，找准问题根源，持续优化生产技术体系。一是优化种植方式。狠抓合理密植，亩栽株数由900株左右提高到1 100株以上，全面推广地膜烟种植，提高保温、保水、保肥能力，促进烟株早生快发。二是优化施肥方案。坚持"降氮增磷补钾"和"增有机减无机"施肥方案优化方向，将药渣有机肥全部调整为含30%油枯的菌渣有机肥，亩均施用量增加到80千克以上，并增施油枯20千克以上。坚持"一户一策"，因地制宜制定施肥方案，亩施纯氮6.0～6.9千克，钙镁磷肥25千克。坚持精准施肥，实行拉绳定距定量条施基肥，全面施用水溶肥替代追肥，精准管控水溶肥施用时间，促进烟株营养平衡。三是抓实结构优化。全面推行"高打顶"技术措施，合理留叶，确保烟叶部位结构科学合理，最大限度适应工业结构需求。严把田间不适用鲜烟叶处理关口，切实将不适用烟叶处理在田间，抓好下炕去青去杂，避免烤后不适用烟叶进入收购环节，确保结构调整目标全面实现。四是开展采烤提质行动。按照下部叶适时早采、中部叶正常成熟推迟2～3天采收、上部叶充分成熟采收的原则，推行叶色和叶龄采收比对技术。全面推广"两停一次性采烤"措施和准烤制度，优化调整烘烤工艺，完善烘烤技术标准体系。坚持"四定四看、四严四灵活"烘烤原则，确保烟叶烤黄、烤鲜、烤亮、烤软。

（四）树牢品质理念，强化质量管控

一是坚守品质安全。坚持生态优先、绿色发展，构建以农业防治为基础、

生物防治为重点、物理防治为辅助、化学防治为应急补充的烟草病虫害绿色防控体系。全面推广烟叶农残快速检测，切实保障烟叶品质安全。二是强化商品质量管控。巩固深化商品质量提升行动。全面推行"555"工作法，强化5炕次烤完对应5轮次交完措施落地，厘清烟叶交售部位；100%执行"1148"分级班组管理、"一样三点"对样收购、二次逐包复检，创新探索"三关两提纯"流程管控和小捆查纯质量管理措施，提升烟叶等级纯度，严格整治混部、混级现象，全面提升烟叶商品质量。

（五）强化创新驱动，深挖特色潜能

瞄准卷烟原料需求短板、供给矛盾，找准制约原料供给水平提升的痛点、难点、堵点，合理开展项目攻关，深挖烟叶特色潜能。一是开展科技项目研究。持续开展"贵烟"品牌原料——安顺紫云高油分烟叶定制化开发及应用研究，分析整理紫云定制化生产试验数据，为构建安顺市高质量烟叶生产技术体系提供依据。针对土壤微生态失衡、耕作制度改变和气候变暖导致烟株营养不平衡，病害频繁流行等问题，有针对性地开展了病害区域性大发生灾变机制、防控关键技术、病害精准监测与预警技术体系等方向的研究，努力确保烟叶品质。构建粮烟一体化绿色防控技术体系和示范推广模式，通过烤烟—粮食间套（轮）作全程绿色生产体系的配置技术研究，实现烟区农业病虫害防控协同实施、同步推进、齐抓共管的新格局，加快推动"粮烟融合"协同发展。二是加大科技成果转化。组织开展有机肥、低温促生育苗复合菌剂、烤烟专用复合肥配方等各类科技试验示范项目11项，统筹布局设点，确保选地合理，划区科学，试验示范出成效；积极推进成果转化验证工作。通过强化人员、资金等方面的管理，积极推进9项烟叶科技成果转化项目入园验证；在定制化生产区域推广应用多功能生物有机肥、烤烟专用有机无机复混肥等通过验证并本地熟化项目4项，进一步推动科技成果转化及适用技术、高新技术的推广应用。

四、取得成效

（一）烟叶特色初步彰显

自2021年实施高油分烟叶定制化生产以来，工业企业对紫云烟叶给予了较高的质量评价："紫云C3F感官质量逐年明显提升，主要表现在香气质、甜

感和余味的提升，杂气和刺激性的改善，烟气细腻较柔和"，烟叶品质特色提升明显。由图1可见，紫云C3F等级烟叶的感官质量总得分自2019年开始逐年提升，从2019年的37.7分逐步提升至2024年的40.9分，提升幅度达8.49%，C3F等级烟叶的感官质量总得分接近目标总分。图2展示了紫云C3F等级烟叶达到目标总分的样品比例，可见通过实施高油分烟叶定制化生产，感官质量达标比例有了突破性提升，2019—2021年的达标比例均为0，2022年达标比例陡升至35.7%，2024年达60%。

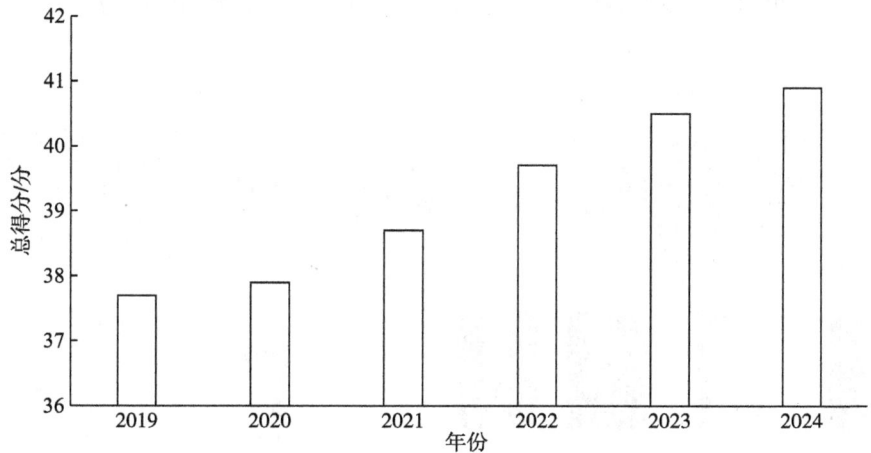

图1　2019—2024年紫云烟叶C3F等级的感官质量总得分

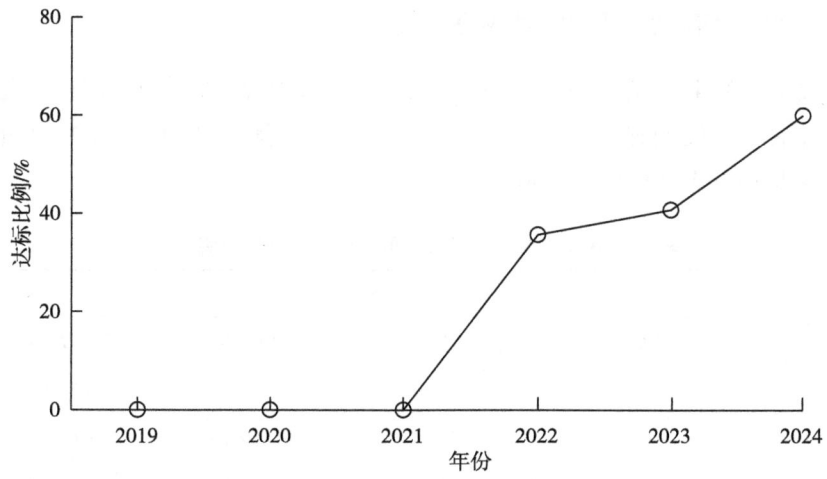

图2　2019—2024年紫云C3F等级烟叶感官质量达标比例

（二）定制烟叶配方使用提档升级

由图3可见，定制化生产促使紫云中部上等烟逐步进入"贵烟"一、二类等品牌使用。由于烟叶存在烟香不清晰、甜感不明显、杂气重、刺激性较明显等问题，安顺烟区的烟叶无法进入贵烟品牌配方，只能在"黄果树"系列使用。通过实施高油分烟叶定制化生产，紫云的烟叶品质得到了明显改善，主要表现在质感和甜感提升、杂气和刺激性改善等方面。烟叶品质的明显提升使紫云烟区的中部上等烟叶顺利进入"贵烟"一、二类品牌配方。

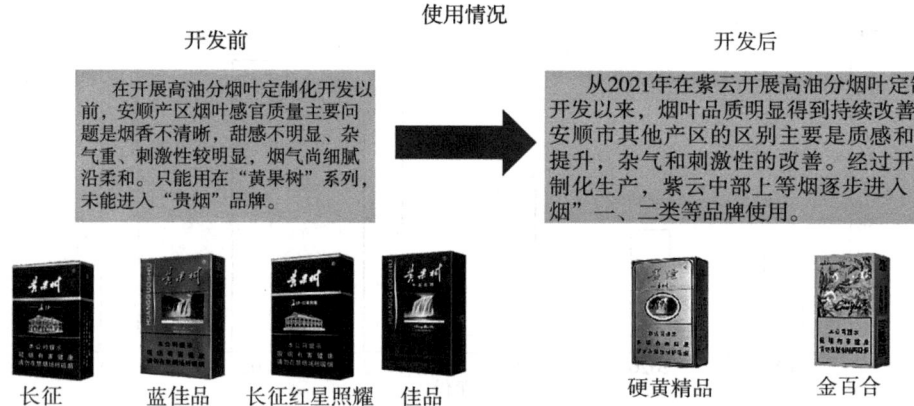

图3　开展高油分烟叶定制化前后紫云烟叶的使用情况

（三）紫云中部上等烟调拨比例逐年提高

由表1、图4可见，2021—2024年，通过实施高油分烟叶定制化生产，紫云烟叶品质明显改善。中部上等烟调拨比例稳步提升，从2021年的40.58%逐步提升至2024年的50%。

表1　2021—2024年紫云烟叶调拨等级和数量

等级	数量／担			
	2021年	2022年	2023年	2024年
C2F	1 330	1 550	439.1	866.508
C3F	8 959	7 000	6 278.54	7 118.740
C4F	8 450	3 967	2 368.065	2 200.797
C3L				624.627

（续表）

等级	数量／担			
	2021 年	2022 年	2023 年	2024 年
B1F		213		222.448
B2F	5 366	4 500	5 712.1	3 318.804
B3F	1 250	3 464		
X2F				1 617.409
合计	25 355	20 694	14 797.805	15 969.333

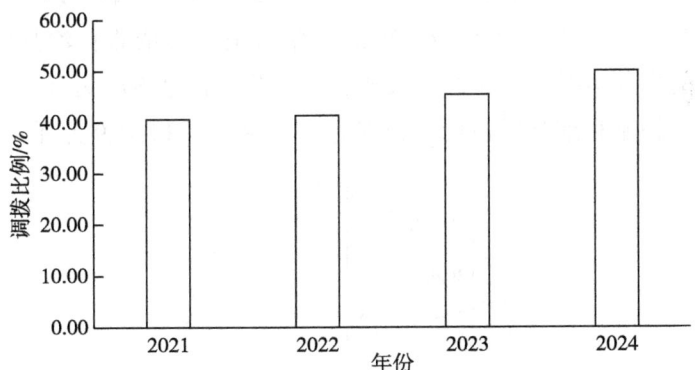

图 4　2021—2024 年紫云烟区中部上等烟调拨比例

（四）生产基础不断夯实

一是烟区烟地更加稳定。通过优化烟区烟地布局，优化资源配置方式，加大零星烟区退出力度，烟地边缘化、分散化现象明显改善，种植集中度有效提升。实现 100 亩以上集中连片烟地达到 53% 以上，50 亩以上集中连片烟地全覆盖，好田好土种烟比例达到 95% 以上。二是烟农队伍更加稳定。通过定制化生产实施，烟叶产能产值和农户种烟收益有效提升，2024 年，紫云定制化生产区域共落实种烟农户 204 户，较 2019 年增加 55 户，增幅 36.91%。种植规模和烟农户数呈现稳中有增发展趋势。三是技能水平不断提升。以定制化生产技术体系构建及落地运用为抓手，烟农和技术人员队伍的业务能力逐年提升。

（五）发展环境不断向好

自"高油分"定制化生产实施以来，在收购总量基本持平的情况下，紫云苗族布依族自治县烟叶税从 2020 年的 541.19 万元上升至 2022 年的 638.21 万元，增幅达 17.9%；紫云苗族布依族自治县定制化烟叶生产区域烟农户均收入增加 2.02 万元，烟叶产业链上解决劳务用工 1 342 人，投工 27 万个，实现劳务收入 300 余万元，充分发挥了烟叶产业在乡村振兴大局中的助推器作用，产业地位更加稳固，创造了良好的发展环境，赢得了政策资金支持。2022 年由紫云苗族布依族自治县人民政府制定下发了《紫云苗族布依族自治县基本烟田规划》方案，规划基本烟田 3 万亩，种烟乡镇（办事处）10 个，种烟村 53 个。图 5 为 2019—2023 年紫云苗族布依族自治县政府和各乡（镇）政府的投入情况，可见基础设施方面的投入高达 879 万元，占总投入的 79.2%，结构补贴和烟叶保险投入分别为 139.48 万元和 91.9 万元。

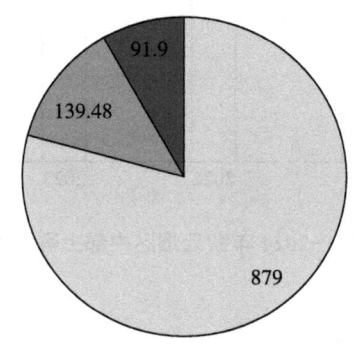

图 5　2019—2023 年紫云苗族布依族自治县政府及各乡（镇）政府投入情况

（六）生产水平持续提高

通过定制化生产实施，烟农经营管理水平和生产技能水平有效提升，关键环节管理到位，关键技术落地落实，种烟收益明显提高。通过抽样调查，定制化样本农户亩均产量 296.6 斤①，亩均产值 4 373.48 元；非定制化样本农户亩均产量 226.3 斤，亩均产值 3 198.54 元。定制化生产亩均产量提高 70.3 斤，亩均产值提高 1 174.94 元（图 6）。

---

① 1 斤 =0.5 千克，全书同。

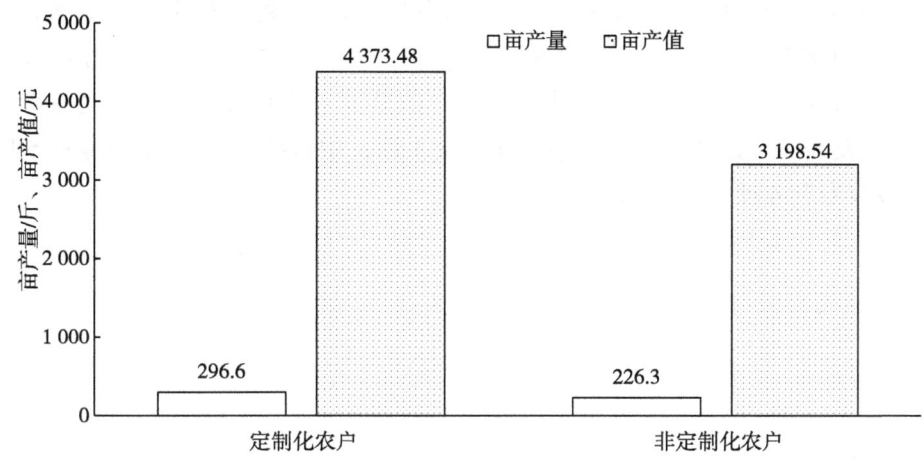

图 6　定制化农户与非定制化农户收益对比

（七）生产技术体系基本建立

根据烟叶样品评吸结果，调查相关农户烟叶生产关键技术落实情况，经相关性分析，不断修订原有技术方案，在施氮量、有机肥配方、有机无机肥施用比例、水溶肥施用时间、打顶留叶等关键技术优化上下功夫，紫云高油分定制化生产技术体系基本建立完成。通过每年烤后烟叶品吸及化学试验分析结果，不断优化施肥方案，施肥标准更趋于科学合理，施肥方案趋于完善，亩施纯氮量由 2019 年的 6.90～8.25 千克降至 2024 年的 6.0～6.9 千克（表 2）。

表 2　2019 年与 2024 年烟叶生产施肥方案对比

土壤肥力	施肥量 /（千克 / 亩）									
	基肥		有机肥		油枯		钾肥		钙镁磷肥	
	2019	2024	2019	2024	2019	2024	2019	2024	2019	2024
上等土	50	40								
中等土	55	45	80	80	10	20	10	15	0	25
下等土	65	50								

（八）创新成果不断显现

通过"贵烟"品牌原料——安顺紫云高油分烟叶定制化开发及应用项目开展，探索了平衡施肥、合理密植、优化结构等关键环节技术优化集成方向，初步明确了种植密度、肥料配方、打顶留叶、成熟采烤等技术参数范围。采用风味组学技术对紫云高油分烟叶开展研究，酯类物质壬酸甲酯和棕榈酸甲酯含量可作为评价烟叶油分的重要指标，假紫罗兰酮是影响烟叶香气的重要物质。发表学术论文5篇（其中SCI论文1篇，中科院2区）、申请专利5项（已授权专利4项）。